低碳建筑研究与实践

——南京江北新区人才公寓

南京江北新区中央商务区投资发展有限公司
南京江北新区中央商务区开发运营有限公司　著
南京长江都市建筑设计股份有限公司

U0380378

东南大学出版社
SOUTHEAST UNIVERSITY PRESS
·南京·

图书在版编目（CIP）数据

低碳建筑研究与实践：南京江北新区人才公寓 ／ 南京江北新区中央商务区投资发展有限公司，南京江北新区中央商务区开发运营有限公司，南京长江都市建筑设计股份有限公司著. --南京：东南大学出版社，2023.12
ISBN 978-7-5766-0999-8

Ⅰ.①低… Ⅱ.①南… ②南… ③南… Ⅲ.①住宅—生态建筑—建筑设计—南京 Ⅳ.①TU241

中国国家版本馆 CIP 数据核字（2023）第 223862 号

责任编辑：魏晓平 责任校对：韩小亮 封面设计：毕真 责任印制：周荣虎

低碳建筑研究与实践——南京江北新区人才公寓
Ditan Jianzhu Yanjiu Yu Shijian — Nanjing Jiangbei Xinqu Rencai Gongyu

著　　者：南京江北新区中央商务区投资发展有限公司
　　　　　南京江北新区中央商务区开发运营有限公司
　　　　　南京长江都市建筑设计股份有限公司
出版发行：东南大学出版社
社　　址：南京四牌楼 2 号　邮编：210096　电话：025 - 83793330
出 版 人：白云飞
网　　址：http://www.seupress.com
电子邮件：press@seupress.com
经　　销：全国各地新华书店
印　　刷：广东虎彩云印刷有限公司
开　　本：787 mm×1 092 mm　1/16
印　　张：11
字　　数：221 千字
版　　次：2023 年 12 月第 1 版
印　　次：2023 年 12 月第 1 次印刷
书　　号：ISBN 978 - 7 - 5766 - 0999 - 8
定　　价：68.00 元

本社图书若有印装质量问题，请直接与营销部联系。电话（传真）：025 - 83791830。

编　委　会

序

碳达峰、碳中和"3060"目标具有紧迫性、复杂性和艰巨性。实现碳达峰、碳中和是我国向世界做出的庄严承诺，也是一场广泛而深刻的经济社会变革。城乡建设作为碳排放的主要领域之一，是全面推动绿色低碳发展的空间载体，也是我国实现双碳目标的重要战场。

江苏城乡建设领域节能减碳工作具有良好基础，2015 年江苏省第十二届人民代表大会常务委员会第十五次会议通过了《江苏省绿色建筑发展条例》，在全国率先启动了法治保障下全面推广绿色建筑的进程。截至 2021 年底，江苏省城镇新建绿色建筑占新建建筑比例达到 99%，累计建成绿色建筑面积超过 9.9 亿 m^2；高星级绿色建筑的数量和比例持续保持全国领先，全省节能建筑规模继续保持全国最大。近年来，江苏省相继颁布了《省住房城乡建设厅关于推进碳达峰目标下绿色城乡建设的指导意见》《江苏省"十四五"绿色建筑高质量发展规划》《关于推动城乡建设绿色发展实施意见的通知》等系列文件，提出了城乡建设领域绿色低碳发展总体目标和实施战略，着力推动全省绿色城乡建设不断迈上新台阶。

在新时代背景下，南京江北新区奋力走在前，争当排头兵，全面落实中央及省市关于"碳达峰碳中和"的重大战略决策，积极探索高质量绿色城市建设模式，推动绿色城区示范创建，融合地区生态资源，建设一批以南京江北新区人才公寓（1 号地块）项目为代表的高水平低碳示范项目，以点带面，全面推动江北新区绿色低碳建筑水平不断提升。

本书系统梳理、分析、总结南京江北新区人才公寓（1 号地块）项目从设计雏形到落地全过程中，在设计规划、技术应用、管理实施等方面进行的诸多创新实践，以及项目建设全过程技术路径、实施成效以及创新经验，内容丰富，数据翔实，为广大建筑从业者提供了低碳建筑示范案例，具有较好的参考价值。笔者希望未来能在运营过程中做好绿色低碳技术或系统的成效和优化管理，结合项目使用过程获得的监测数据、使用评价等，持续追踪跟进，及时进行效益分析与总结评价。

中国工程院院士

2023 年 12 月 20 日

前　言

习近平总书记在党的二十大报告中指出"实现碳达峰碳中和是一场广泛而深刻的经济社会系统性变革"，报告对"双碳"工作做出了全面部署。同时，住房和城乡建设部与国家发展和改革委员会联合印发的《城乡建设领域碳达峰实施方案》更是对建筑行业推进碳达峰的各项重点工作指明了方向。

近年来，我国建筑碳排放总量不断增长，研究表明，2005—2020 年间，全国建筑全过程碳排放由 22.3 亿 tCO_2，上升至 50.8 亿 tCO_2，扩大了约 2.3 倍，年均增速为 5.6%，但"十三五"时期较"十一五""十二五"时期年均增速明显放缓，目前建筑碳排放占全国碳排放的比重为 50.9%，仍为国家"双碳"工作的重点，推动低碳建筑，尤其是区域低碳建筑集群发展势在必行。

南京江北新区人才公寓项目作为江北新区绿色发展率先实践区的重点项目，以创新、协调、绿色、低碳、开放、共享发展理念为引领，以集成化产品为理念，探索适合未来建筑的创新性建筑技术体系，大力推行装配式建筑与绿色低碳建筑互融发展。项目集成超低能耗建筑、装配式建筑、智慧建筑、海绵住区等前沿绿色低碳建筑技术，通过技术创新，引领质量提升，通过低碳社区化实践，以及提高局部示范显色度，打造全生命期绿色低碳、百年耐久、智慧宜居的国际化绿色建筑示范区，树立新区的绿色建筑发展标杆。

本书以南京江北新区人才公寓项目为蓝本，总结回顾项目设计建造过程中的技术路径、实施成效、创新经验，探索具有地域适应性、技术引领性、可推广性的低碳排放建筑解决方案。

本书分为 5 章。第一章介绍国家"双碳"战略部署和政策规范，梳理国内外低碳建筑发展的现状，并聚焦江北新区低碳建筑发展，总结适宜的低碳建筑实施路径。第二章介绍江北新区人才公寓低碳社区的建设背景、基本概况，系统阐述了低碳社区实践的重点设计策略、技术体系。第三章以木结构零碳建筑社区中心为例，从被动式建筑、光伏微电网、高效机电系统、低碳结构及材料应用、水资源综合利用设计、室内环境与健康和智能化运维等方面集中阐述了项目实现零碳的技术路径。第四章从未来住宅案例视角切入，围绕垂直社区、可变住宅、低能耗住宅、健康住宅、智慧住宅五大理念，实践探索新一代居住建筑的关键技术。第五章对项目进行剖析和总结，归纳梳理了从雏形到落地过程中主要低碳创新理念，对项目建设过程中引起的社会示范效应进行回顾，并提出未来低碳建筑进一步提升发展的建议与思考。

本书旨在分享江北新区人才公寓项目实践过程中针对实现碳达峰碳中和目标下低碳建筑解决方案的探索和思考，为研究降低建筑全生命周期碳排放技术路径提供参考，与行业内专家学者共勉。限于时间与水平，书中难免存在不妥之处，恳请读者批评指正。

目　录

第一章 迈向碳中和——江北新区在行动

1.1 "双碳"国家战略

2020年9月22日，习近平主席在第七十五届联合国大会一般性辩论上郑重宣示：中国将提高国家自主贡献力度，采取更加有力的政策和措施，二氧化碳排放力争于2030年前达到峰值，努力争取2060年前实现碳中和。中国目前是世界最大的碳排放国，实现"双碳"目标不仅事关中华民族永续发展，也在全球气候变化应对方面起到至关重要的作用。

从2009年至今，中国多次在世界发声，提出自身减排路线（表1-1），体现了中国应对全球气候变化的决心。据统计数据表明，2019年，中国已超额完成"2020年生产总值二氧化碳排放比2005年下降40%～45%"的承诺，中国从具体行动到世界承诺都充分展现了其在落实世界2050年零碳排放目标的全球领导作用。中国"双碳"国家战略具有重要的全球性意义，将有效推动全球可持续发展。

表1-1 中国减碳目标路线

时间	会议	完成年份	单位国内生产总值二氧化碳排放相比2005年下降比例	非化石能源占一次能源消费比重
2009-09	联合国气候变化峰会	2020	显著下降	15%左右
2015-11	第二十一届联合国应对气候变化大会	2030	60%～65%	20%左右
2020-12	气候雄心峰会	2030	>65%	25%左右

我国已构建碳达峰碳中和"1+N"政策体系，各部委针对重点领域相继颁布实施方案，覆盖了能源、工业、城乡建设、交通运输等各个领域，系列文件目标清晰、分工合理、措施有力、衔接有序，明确了"双碳"目标下各部门工作的时间表、路线图、施工图（表1-2）。

表 1-2 中国"双碳"相关政策

发布时间	单位	会议/文件	主要内容
2020-12	中共中央政治局	中央经济工作会议	会议重点部署了2021年经济工作,其中提出要抓紧制定2030年前碳达峰行动方案
2021-3-12	国务院	《中华人民共和国国民经济和社会发展第十四个五年规划和2035年远景目标纲要》	文件对2020年后五年及十五年国民经济和社会发展做出了系统谋划和战略部署。其中提出制定2030年前碳排放达峰行动方案,通过系列有力政策和措施锚定努力争取2060年实现碳中和
2021-9-22	中共中央、国务院	《中共中央 国务院关于完整准确全面贯彻新发展理念做好碳达峰碳中和工作的意见》	文件对国家碳达峰、碳中和重大工作进行了系统谋划、总体部署,明确了产业结构、能源、交通、城乡建设、科技创新、生态碳汇等方面工作方向
2021-10-26	国务院	《2030年前碳达峰行动方案》	文件从能源绿色低碳转型行动、节能降碳增效行动、工业领域碳达峰行动、城乡建设碳达峰行动、交通运输绿色低碳行动、循环经济助力降碳行动、绿色低碳科技创新行动、碳汇能力巩固提升行动、绿色低碳全民行动、各地区梯次有序碳达峰行动十个方面积极部署了重点任务
2021-10-21	中共中央办公厅、国务院办公厅	《关于推动城乡建设绿色发展的意见》	文件对推进城乡建设一体化发展、转变城乡建设发展方式列出主要任务,提出了城乡建设绿色发展的总体目标
2021-10-27	国务院新闻办公室	《中国应对气候变化的政策与行动》	文件提出应对气候变化国家战略,加大控制工业、建筑、交通等领域碳排放力度,加大生态环境治理,共建公平合理、合作共赢的全球气候治理体系
2022-1-24	国务院	《"十四五"节能减排综合工作方案》	文件积极部署了"十四五"期间节能减排重点工程,要求健全节能减排政策机制
2022-3	全国"两会"	《政府工作报告》	报告重点提出2022年全国经济社会发展总体要求和政策趋向,部署了政府工作任务,其中要求了全国有序推进碳达峰碳中和工作
2021-10-21	国家发展改革委等九部门	《"十四五"可再生能源发展规划》	文件围绕大规模开发可再生能源、高比例利用可再生能源、高质量发展可再生能源、市场化发展可再生能源、深化可再生能源国际合作等方面提出"十四五"期间我国能源转型重点
2022-6-30	住房和城乡建设部、国家发展改革委	《城乡建设领域碳达峰实施方案》	文件聚焦城乡建设领域碳达峰行动,围绕建设绿色低碳城市、打造绿色低碳县城和乡村两大方面落实行动
2022-7-7	工业和信息化部、国家发展和改革委、生态环境部	《工业领域碳达峰实施方案》	文件聚焦工业领域碳达峰行动,提出深度调整产业结构、深入推进节能降碳、积极推行绿色制造等重点任务,加快绿色低碳技术变革及数字化转型,部署重点行业碳达峰行动路径

1.2　低碳建筑发展及现状

1.2.1　国外发展现状

　　发达国家和地区在低碳建筑方面起步较早。英国是世界上第一个以法律形式提出建筑零排放及零能耗要求的国家。通过从法律法规的约束到技术层面的支撑，低碳建筑在英国得到了有效的推广应用。美国作为节能绿色建筑的积极倡导者，先后出台了多个政府指令，对低碳建筑实施提出了强制性要求，并积极推动相关体系在全球范围内传播。欧盟要求现代建筑既要保证低能耗又要实现高舒适度，建筑应最大限度利用可再生能源，减少能源和资源的浪费。近年来，欧盟不断修订能源效率指令，对成员国内建筑排放提出新的要求和目标。在亚洲范围内，日本、韩国均采取了一系列措施促进净零能耗建筑发展，通过提高建筑的隔热性和密闭性、减少取暖制冷能耗以解决能源消费量持续增加的问题，进而控制建筑碳排放增长（表1-3）。

表1-3　国外低碳建筑发展目标及相关标准概述

国家及地区	发展目标	标准支撑
英国	2025年所有新建建筑达到零碳排放 2050年所有建筑实现供暖脱碳	*Building Research Establishment Enviromental Assessment Method*（BREEAM）、*Nearly Zero Energy Building Standard*、*Net Zero Carbon Buildings：A Framework Definition*
美国	2030年所有新建公共建筑达到净零能耗 2040年50%公共建筑达到净零能耗 2050年所有公共建筑达到净零能耗	*Leadership in Energy and Environmental Design*（LEED）、*Energy Star*、*National Green Building Standard*（NGBS）、*Zero Energy Ready*、*LEED Zero*
欧盟	2021年所有新建建筑及重大改造建筑必须达到近零能耗	德国：*Deutsche Gesellschaft für Nachhaltiges Bauen*（DGNB）、*Framework for Carbon-neutral Buildings and Sites* 法国：*Haute Qualité Environnementale*（HQE）
日本	2020所有新建公共建筑达到近零能耗 2030所有新建建筑达到近零能耗	*Comprehensive Assessment Systerm for Building Enviromental Efficiency*（CASBEE）、*Zero Energy Building Ready*（ZEB Ready）
韩国	2050所有新建建筑（>500 m²）达到零能耗	*Green Building Certification Criteria*（GBCC）

1.2.2 国内发展现状

1. 政策解读

1）国家

2021 年 9 月 22 日，中共中央、国务院发布了《关于完整准确全面贯彻新发展理念做好碳达峰碳中和工作的意见》，对碳达峰碳中和工作进行系统谋划，明确了总体要求、主要目标和重大举措，它是指导我国实现碳达峰碳中和的纲领性文件，是"1＋N"政策体系中的"1"。2021 年 10 月 26 日，国务院发布了《2030 年前碳达峰行动方案》，更加聚焦"2030 年前碳达峰"目标，相关指标和任务更加细化、实化、具体化，是"1＋N"政策体系的"N"中为首的政策文件，为能源、工业、城乡建设、交通运输、农业农村等领域部署制定碳达峰实施方案提供了指引。2021 年 10 月 21 日颁布的《关于推动城乡建设绿色发展的意见》、2022 年 6 月 30 日颁布的《城乡建设领域碳达峰实施方案》等文件，明确了城乡建设领域碳达峰路径（表 1-4）。

表 1-4 城乡建设领域"双碳"行动

发布时间	文件	总体目标
2021-10-21	《关于推动城乡建设绿色发展的意见》	到 2025 年，城乡建设绿色发展体制机制和政策体系基本建立，建设方式绿色转型成效显著，碳减排扎实推进，城乡生态环境质量整体改善，绿色生活方式普遍推广。到 2035 年，城乡建设全面实现绿色发展，碳减排水平快速提升，城市和乡村品质全面提升，美丽中国建设目标基本实现
2022-3-1	《"十四五"建筑节能与绿色建筑发展规划》	到 2025 年，城镇新建建筑全面建成绿色建筑，建筑能源利用效率稳步提升，建筑用能结构逐步优化，建筑能耗和碳排放增长趋势得到有效控制，基本形成绿色、低碳、循环的建设发展方式，为城乡建设领域 2030 年前碳达峰奠定坚实基础
2022-6-30	《城乡建设领域碳达峰实施方案》	2030 年前，城乡建设领域碳排放达到峰值。力争到 2060 年前，城乡建设方式全面实现绿色低碳转型，系统性变革全面实现，美好人居环境全面建成，城乡建设领域碳排放治理现代化全面实现，人民生活更加幸福

2）江苏

江苏作为能源消耗和碳排放大省，是国家落实"双碳"目标的重点区域。在中国共产党江苏省第十三届委员会九次全体会议上，时任江苏省委书记娄勤俭特别指出江苏要在全国率先实现"碳达峰"的目标。《中共江苏省委关于制定江苏省国民经济和社会发展第十四个五年规划和二〇三五年远景目标的建议》中明确指出江苏省"碳排放提前达峰后稳中有降"，进一步推动江苏省碳达峰进程，加快构建江苏省"双碳"发展格局。

在 2009 年江苏省委、省政府部署实施的节约型城乡建设行动的基础上，江苏主动对标碳达峰、碳中和目标要求，将绿色发展理念融入住房城乡建设领域各项重点工作中，与贯彻落实新时期建筑方针相结合，与推动绿色建筑和建筑产业现代化相结合。2021 年4 月 20 日江苏省发布《省住房城乡建设厅关于推进碳达峰目标下绿色城乡建设的指导意见》，围绕碳达峰、碳中和目标，提出了推动既有建筑节能改造、深化可再生能源建筑应用、推进绿色施工、打造绿色低碳居住社区、加强绿色乡村建设等措施，全面推动江苏城乡建设绿色低碳发展。

2. 规范标准

近年来，绿色低碳建筑发展得到了政策层面的长足支撑，相关行业标准呈爆发式涌现。

1）国家标准（表 1-5）

表 1-5　国家标准

发布时间	标准	主要内容
2019-1-24	《近零能耗建筑技术标准》（GB/T 51350—2019）	明确了"超低能耗建筑""近零能耗建筑"和"零能耗建筑"的定义，针对我国严寒、寒冷、夏热冬冷、温和、夏热冬暖五大气候分区和公共建筑、居住建筑两种建筑类型分别界定了上述三类建筑的能效指标，其建筑能耗水平相较于当时现行国家标准降低 60%～75% 以上
2019-4-9	《建筑碳排放计算标准》（GB/T 51366—2019）	首次全面而详细地规定了新建、扩建和改建的民用建筑在运行、建筑及拆除、建材生产及运输阶段的碳排放计算方法，提供了建筑物在全生命周期各阶段的主要碳排放计算因子，引导建筑物在设计阶段考虑其生命周期节能减碳
2021-9-8	《建筑节能与可再生能源利用通用规范》（GB 55015—2021）	以 2015 年执行的《公共建筑节能设计标准》（GB 50189—2015）为基准，对围护结构热工性能指标、设备能效和照明功率密度值作了提升，提出了新建建筑应安装太阳能系统等新要求，居住建筑设计能耗降低 30%，公共建筑设计能耗降低 20%，碳排放强度平均降低 40%

2）地方标准（表 1-6）

表 1-6　地方标准

发布时间	标准	主要内容
2012-3-20	《低碳建筑评价标准》（DBJ50/T-139—2012）/ 重庆市	该标准主要的评价范围是住宅建筑和公共建筑中的办公建筑、商业建筑和旅馆建筑，以建筑群或建筑单体为评价对象，对低碳建筑设计、竣工等方面进行评价。每一类评价由低到高依次划为银级、金级和铂金级三个等级
2019-3-13	《上海市超低能耗建筑技术导则（试行）》/ 上海市	该导则借鉴国内外超低能耗建筑建设经验，充分结合上海地区气候特征和用能习惯，深入超低能耗建筑的设计、施工、运行管理和评价各阶段，以住宅建筑和办公、酒店类公共建筑为主要对象，对超低能耗建筑技术做了详细的规定

(续表)

发布时间	标准	主要内容
2021-9-28	《被动式超低能耗建筑评价标准》DB13（J）/ T 8323—2021/河北省	该标准是对2019年版的修订，主要新增了安全耐久的评价内容，调整了评价阶段，简化了评价方式，统一了评价方法，并完善了评价技术指标

3）行业标准（表1-7）

表1-7　行业标准

发布时间	标准	发布单位	主要内容
2020-9-18	《主动式建筑评价标准》T/ASC 14—2020	中国建筑学会	该标准在充分吸纳国际主动式建筑（Active House）先进理念及其标准的基础上，结合我国国情构建了包括"主动性、舒适、能源、环境"的评价指标体系，并采用了"控制项＋评分项＋优选项"的评价方法
2021-8-30	《零碳建筑认定和评价指南》T/TJSES 002—2021	天津市环境科学学会	该指南是全国首个零碳建筑团体标准，规定了零碳建筑认定和评价的术语和定义、基本规定、工作流程、控制指标、碳排放量核算、评价认定、提交技术材料等内容
2022-1-10	《建筑碳中和评定标准》T/TJKCSJ 002—2022	天津市勘察设计协会	在评定方法方面，该标准以结果为导向，注重节能减排设计，同时以实际运行数据为唯一评价依据，评定结果更加科学准确；在评价流程方面，该标准首次在建筑领域标准中融合了排放权交易、绿色金融等跨行业技术内容
2022-6-15	《碳中和建筑评价导则（第一版）》	中国城市科学研究会、中国房地产业协会	本导则以绿色建筑作为碳中和评价的基础，立足于当前技术成熟、经济可行的做法，采取分级评价的方式，鼓励具备条件的项目挑战新技术、新产品的应用和实践，引导建筑从易到难、分阶有序地实现高质量零碳
2022-6-22	《正能建筑评价标准》T/CSUS 42—2022	中国城市科学研究会、中国生态城市研究院	该标准提出了"正能建筑"的新型绿色建筑概念，围绕节能降耗、围护设计、室内环境质量、可再生能源产能系统等方面做出了评价规定，并建立了以可再生能源利用为核心的评价体系及实施细则
2023-7-20	《低碳建筑评价标准》T/CSUS 60—2023	中国城市科学研究会绿色建筑与节能专业委员会、青岛理工大学	该标准为国内首个低碳建筑评价标准，明确定义了低碳建筑，并以全寿命期减排原则为指导，以碳排放强度满足国家或地方管理要求为前提，从设计与选型、施工与用材、使用与维护、废弃与拆除四个阶段着手，构建了以措施为导向的分级评价方法，旨在有效指导我国民用建筑全寿命期内的低碳性能评价

1.2.3　小结

纵观国内外低碳建筑发展历程，低碳建筑经历了从节能建筑、绿色建筑体系迈向低碳乃至零碳建筑的变革。相较于发达国家，我国低碳建筑研究与实践仍处于起步阶段。

随着"双碳"目标的提出，我国大力推动低碳建筑、零碳建筑技术体系的研究与应用，从单一的能耗控制逐渐过渡到能碳双控上。目前，国内已出台了部分地方标准及行业标准，在一定程度上推动了低碳建筑标准体系发展，尤其针对近零能耗建筑体系以及碳中和建筑体系提出了较为完善的技术路径。但是，由于低碳建筑缺乏国家层面的统一标准体系，地方或行业内对低碳建筑的评判尺度不一致，仍存在着概念不清、评价指标缺失、建设路径不完善等问题。

1.3　江北新区低碳建筑发展概况

南京市江北新区是国务院批复设立的全国第 13 个、江苏省首个国家级新区，位于江苏省南京市长江以北，与南京主城隔江相望，规划面积 788 km²。江北新区以"坚持人与自然和谐共生"为理念，以绿色发展、低碳发展、循环发展为方向，以推进城乡建设高质量发展为目标，以创建"省级绿色建筑和建筑节能综合提升奖补城市"为契机，结合自身优良的自然生态资源及深厚的文化历史底蕴，健全并落实绿色生态规划体系及相关指标，借鉴国内外低碳生态先进理念和技术，采取组织、财政、技术及宣传等手段多管齐下，推动了区内绿色建筑和节约型城乡建设各项工作全面开展，全力打造"蓝绿交织、水城共融、集约紧凑"的现代化生态城市，创造"清新明亮、健康宜人、高效便捷"的品质化人居环境，构建"数字智能、创新驱动、文化包容"的国际化开放平台。

在生态规划层面，江北新区以"规划引领、专项支撑"的顶层设计思路为指引，将低碳生态理念、绿色生态技术和地域生态禀赋有机结合，因地制宜地完善绿色生态专项规划体系，构建高标准、可落实、可考核的绿色生态指标体系。在绿色生态专项规划指标体系的基础上，江北新区首创性地开展了绿色城市设计的研究，充分引入数字化的分析手段，依托城市大数据，对生态环境、建筑用能、交通出行等方面进行专项分析，为绿色城市设计方案优化提供更为科学的数据支撑。最终形成落实到具体地块、深入三维空间的绿色城市设计图则，同时结合设计导则、技术手册，加强绿色城市设计成果的落地性与可实施性。

在政策机制层面，江北新区发布了《南京江北新区绿色建筑高质量发展行动方案》《关于成立江北新区绿色建筑和建筑节能综合提升城市创建领导小组的通知》《江北新区绿色建筑管理办法》《关于南京江北新区全面推动绿色校园建设的通知》《江北新区绿色建筑发展专项资金管理办法》等一系列政策文件，构建了绿色建筑和建筑节能政策体系。同时，江北新区发布了《南京江北新区碳达峰、碳中和行动计划（试行）》，从推进产业结构优化升级、优化能源消费结构、推进绿色城市建设、提升生态发展水平和健全低碳发展体制机制 5 个方面提出 19 项重点任务。江北新区将低碳发展作为推进现代化、国际化、生态化建设的重要抓手，着力打造成为"碳中和"绿色智慧新主城，在推动新区高质量发展中促进经济社会发展以及绿色低碳全面转型。

在绿色建筑层面，江北新区核心区内全面要求新建民用建筑达到绿色建筑二星级，并鼓励推动更高星级、更前沿技术应用的示范工程建设。截至2021年年底，江北新区创建绿色建筑高品质示范项目25项，共计315.71万 m²，其中三星级绿色建筑项目占比25%，建设了"两馆两中心"、江北新区人才公寓（1号地块）项目、南京一中江北校区（高中部）等一批高水平、高星级的绿色建筑示范项目。

在基础设施建设层面，江北新区全面推进节约型城乡建设，在区域能源、城市空间复合利用、综合管廊、海绵城市、垃圾资源化利用、绿色施工等方面取得了显著的成效。

1.4 江北新区低碳建筑实施路径分析

1.4.1 地域特征

1. 气候特征

南京江北新区属亚热带季风性湿润气候区，全年气候温和，具有冬干冷、春温凉、夏炎热、秋干暖的特点。全年平均气温15.4 ℃（图1-1）；年平均日照时数1 915 h左右，光照充足，年日照率为45%～49%；年降水量1 000～1 100 mm，雨水充沛，其中大部分降水集中在5—9月的汛期（图1-2）；全年无霜期长，约为222～224 d；年均相对湿度77%；常年最多风向为东风和东北风，最小风向为南风，年均风速为2.5 m/s，最大风速为25 m/s（图1-3）。

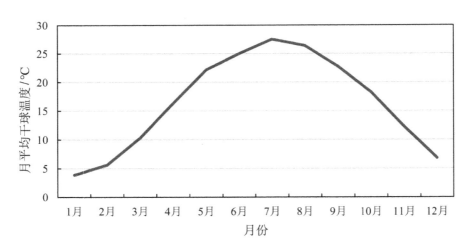

图1-1 江北新区月平均干球温度

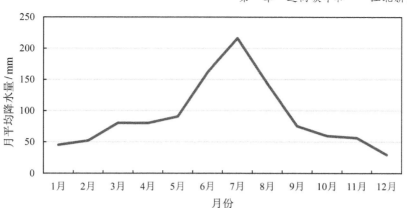

图1-2 江北新区降水曲线

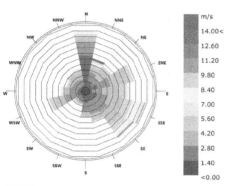

风玫瑰
南京，中国
3月1日1时至3月31日24时
逐时数据：风速（m/s）
12.05%无风时间＝266 h
显示频率为1.0%的每段闭合折线＝22 h
（a）春季

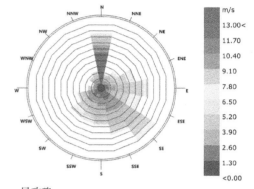

风玫瑰
南京，中国
6月1日1时至8月31日24时
逐时数据：风速（m/s）
10.96%无风时间＝242 h
显示频率为1.2%的每段闭合折线＝26 h
（b）夏季

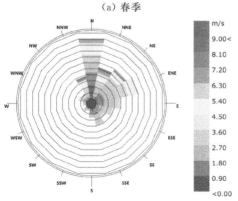

风玫瑰
南京，中国
9月1日1时至11月31日24时
逐时数据：风速（m/s）
19.51%无风时间＝426 h
显示频率为1.6%的每段闭合折线＝34 h
（c）秋季

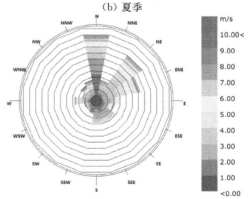

风玫瑰
南京，中国
12月1日1时至2月28日24时
逐时数据：风速（m/s）
20.32%无风时间＝439 h
显示频率为1.5%的每段闭合折线＝32 h
（d）冬季

图1-3 城市四季风玫瑰图

2. 资源禀赋

1）太阳能资源

江北新区地处长江中下游地区，据南京市气象局统计，地区年太阳总辐射量为 1 325.28 kWh/m²，属于太阳能资源可利用地区，具有较好的光伏光热利用条件（图 1-4）。

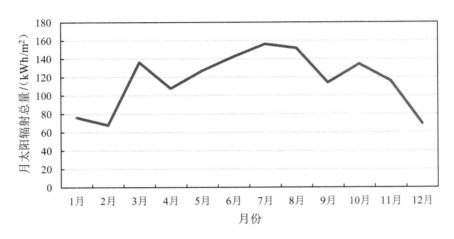

图 1-4 南京地区太阳能辐射量曲线

2）地热能资源

江北新区属宁镇扬丘陵地区，地貌以低山缓冈为主。平原以及江中心滩是由长江冲击淤积成陆，成陆时间较短，该区地面标高 4～10 m，地表岩性以亚砂土、粉砂为主，其次为亚黏土。

地区地下岩土温度常年稳定在 17～18 ℃，可作为热泵低温热源。第四系发育充分，浅层土壤含砂较高，根据相关岩土热物性测试结果显示，土壤平均导热系数适中，约为 1.9～2.3 W/（m²·K），富水性好，土壤的初始温度适宜。江北新区核心区内水系主要有七里河、城南河等，具有丰富的浅层低温能和地表水，为地源热泵、水源热泵的使用提供了适宜的条件。

3）风力资源

江北新区属于风能可利用区，风能资源不稳定，可成规模利用的比例较小。春季风能密度为 79.5 W/m²，夏季风能密度为 64.0 W/m²，秋季风能密度为 54.3 W/m²，冬季风能密度为 77.1 W/m²。

3. 社会经济

1）产业经济

江北新区深入推进供给侧结构性改革，全力促进高端产业集聚，聚焦集成电路、生命健康、现代金融等新兴产业，全力推动"两城一中心"建设。2018 年，江北新区实施重大产业项目 155 个，累计完成投资 442 亿元，微创医学、强新科技等 50 多个重点项目建成投产，集成电路、生命健康等新兴产业均实现30％以上快速增长。2018年，江北新区全域实现地区生产总值2 528亿元，同比增长11.8％，主要指标增幅均明显高于江苏省、南京市平均水平。

2）社会就业

依据《2018南京江北新区创新活力指数报告》，2017年江北新区综合创新活力指数达到120.77，比2015年刚设立时增长20.77个指标点。人口资源集聚能力指数也在江北新区成立后，出现了明显的加速增长拐点。随着新兴产业的聚集和大量创新创业企业的出现，仅孵化器和众创空间企业就提供了1万多个工作岗位，2018年，江北新区实现新就业大学生人数27 232人，吸纳新增就业人员与本地户籍人口的比值达到3.16％，呈现较高的就业吸附和增长速度。

4. 小结

江北新区属亚热带季风性湿润气候区，全年气候温和，具有冬干冷、春温凉、夏炎热、秋干暖的特点，全年平均气温15.4 ℃，年均相对湿度77％，年降水量1 000～1 100 mm，常年最多风向为东风和东北风，年均风速为2.5 m/s。该气候区建筑应兼顾冬夏季的环境控制需求。江北新区属于太阳能可利用地区，年平均日照时数1 915 h左右，日照较为充足，具备一定的太阳能利用潜力，应合理利用太阳能光伏、光热技术。此外，该地区属于地热能利用一般适宜区，可结合项目周边实际地理地貌采取地源热泵或水源热泵方式供冷供热。

江北新区深入推进供给侧结构性改革，全力促进高端产业集聚，全方位打造人才集聚新高地。江北新区围绕"双碳"目标愿景，统筹推动产业发展、城市建设与生态环境建设，着力探索具有新区特色的双碳路径，在建筑、工业等重点领域集中开展碳达峰碳中和实践，加大新技术、新产品的集成应用，努力走出一条适合自身的绿色高质量发展之路。

1.4.2　总体策略

按照世界资源研究所（The World Resources Insitute，WRI）和世界可持续发展工商理事会（World Business Council for Sustainable Development，WBCSD）制定的《温室气体核算体系》（GHG Protocol），从温室气体核算的三个边界出发，建筑碳排放核算范畴包含直接碳排放、间接碳排放、隐含碳排放。其中，直接碳排放主要指建筑中通过燃烧方式使用燃煤、燃油和燃气等化石能源所排放的二氧化碳，即建筑场地内锅炉、煤炉、燃气炊事炉灶和燃气热水器等设备直接产生的二氧化碳；间接碳排放主要指外界输入的电力、热力，即建筑场地内用电或使用了场地外区域集中供热系统所产生的二氧化碳，其中电力主要指以燃煤、燃气为动力的"碳排放"电力；隐含碳排放主要指建筑内使用的建材和构件在原材料开采、工厂加工、后期运输过程产生的碳排放，以及施工、装修、改造、拆除过程中的碳排放。

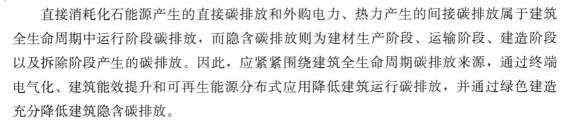

直接消耗化石能源产生的直接碳排放和外购电力、热力产生的间接碳排放属于建筑全生命周期中运行阶段碳排放，而隐含碳排放则为建材生产阶段、运输阶段、建造阶段以及拆除阶段产生的碳排放。因此，应紧紧围绕建筑全生命周期碳排放来源，通过终端电气化、建筑能效提升和可再生能源分布式应用降低建筑运行碳排放，并通过绿色建造充分降低建筑隐含碳排放。

1. 终端电气化

解决直接碳排放最有效的手段是实现终端电气化，将直接使用化石能源的终端设备等替换为电设备，如电炊具、电热水器等。目前住宅建筑直接碳排放占比较高，须重点提高电气化水平。

2. 建筑能效提升

建筑运行阶段能耗的减少与控制是实现建筑碳减排的关键环节。应尽量降低建筑供冷供热、照明以及生活热水等能耗需求，同时尽量提高机械设备供能效率，充分减少建筑自身能源消耗。

3. 可再生能源分布式应用

能源转型是实现碳中和的主要路径，逐步减少化石能源比例，在建筑中合理利用太阳能、地热能、风能等可再生能源，从源头上控制高碳能源输入需求，是建筑减少碳排放的重要手段之一。

4. 绿色建造

鼓励各种低碳建材应用，采取装配式低碳建造方式，依托新型工业化提升建造效率。此外，还要提倡建筑长寿化，将主体结构设计使用年限提高，降低房屋建造的建材使用量和资源消耗量。

1.4.3　技术路线

低碳建筑的建设是系统性工程，需要从全生命周期视角出发，抓住建筑设计、施工、运营三个主要阶段，深度落实建筑减排降碳实施策略（图1-5）。

1. 低碳化导向的正向设计策略

低碳建筑设计应充分前置，从方案阶段开始，在设计全过程中充分融合低碳理念，避免只在设计后期进行生硬的技术叠加，杜绝低碳设计与建筑设计"两张皮"的现象。设计中应当综合考虑地域、环境、空间、功能、技术等各方因素，突出设计主导、技术辅助的指导思想，通过建筑设计优化，从根本上提升建筑的低碳性能。

1）冬夏兼顾的气候适应性设计

建筑存在于动态变化的气候环境中，气候适宜性设计策略本质上就是为了解决建筑室内居住环境与其所处自然环境之间的微妙关系，以建筑为媒介，使人们在变化的自然环境中获得舒适的室内居住环境。

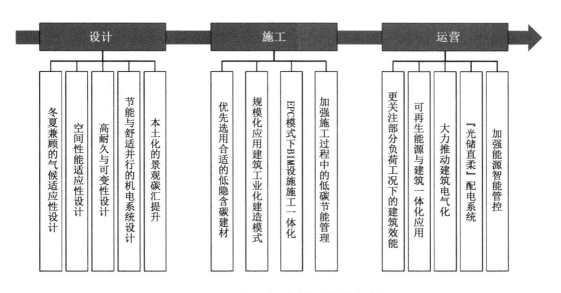

图 1-5　江北新区低碳建筑实施技术路线

建筑设计应充分结合江北新区气候特征，利用周边自然条件，通过优化建筑形体和立面设计，提高建筑的建筑物理性能。利用自然要素对采光、通风、遮阳、蓄热能力进行优化设计，重点考虑夏季遮阳和过渡季通风。通过适当引入和阻止，用尽可能小的经济代价提高建筑舒适性。根据全年动态负荷分析，适度提高建筑的保温性能，不过度追求围护结构绝热性能和气密性。

2）空间性能适应性设计

建筑室内环境需求和室外环境条件之间的差异是建筑空调负荷的主要来源。低碳的空间性能设计应强调建筑功能空间的布局和组织关系，充分利用不同功能空间对声、光、热、风、湿等需求的差异，降低建筑环境控制的负荷。

结合建筑室内空间功能合理布局，在建筑外区设置一定的过渡空间，将设备用房、楼梯间等对环境舒适度要求不高、空间性能要求较低的房间移动至建筑外区，形成热缓冲区域，减少空间性能要求较高的房间负荷。

江北新区在建筑热工分区上属于夏热冬冷地区，夏季西面容易受到过度的太阳辐射，在建筑设计时可以将过渡空间设置在西向以减少西晒对主要功能空间的影响；冬季东北风盛行，也可将过渡空间设置在相应位置以减少主要功能空间的热损失。

3）高耐久与可变性设计

目前我国建筑设计寿命大多为 50 年，但欧美发达国家建筑使用寿命普遍更高，甚至可达到百年。充分延长建筑的使用寿命，避免大量的重复建设，对于建筑业的减排意义非凡。江北新区作为国家级新区，近年来发展较快，区内新建建筑建设体量较大，应当在设计中提出更高耐久性的要求，延长建筑使用寿命，实现更为长远的建筑低碳。此外，应充分利用适变性设计策略，保证空间开放性和灵活性，充分应对建筑未来需求的变化，减少因空间需求变化造成的大拆大改。

4）节能与舒适并行的机电系统设计

以降低运行能耗为设计导向，不片面追求技术的先进性。注重实现空调系统的可调性和部分负荷性能，结合空间特征，可采用灵活化、模块化的空调系统。严格控制照明功率密度，重点在照明控制方式上提高节能效果。

此外，江北新区属于亚热带季风性湿润气候区，过渡季虽然气温不高，但是湿度较大，空调系统应注重控制房间湿度。

5）本土化的景观碳汇提升

利用植物自身的光合作用固碳是实现碳汇的天然方式。在景观设计时，尽量合理扩大绿化种植面积，充分结合建筑立体绿化以提高绿化率，采用复层绿化、混合种植等方式提高绿容率；在植物种类选择上，应优先选择本地树种，以及具有较高固碳能力的植物品种。

2. 集约化控制的低碳施工策略

为控制建造过程碳排放，须摒弃传统粗放式的施工方式。低碳施工应强调集约化把控，严格控制建材用量，多使用绿色低碳建材、耐久性高和寿命长的建材等，构建低碳工业化结构体系，利用低碳建造技术，减少施工过程碳排放。

1）优先选用合适的低隐含碳建材

选用碳排放因子较低的建筑材料，如木材、竹材；选用通过环境产品声明认证（Enviromental Product Declaration，EPD）的绿色建材；选用可循环再生的建材，如粉煤灰、炉渣、矿渣、秸秆的再生利用；选用功能一体化的复合建材，如结构保温一体化建材。此外，应优先选用本地建材，一方面能最大程度地降低远距离交通运输所造成的能源消耗，另一方面能避免长途颠簸造成的材料损耗，同时本土材料还能表现出建筑的场所感与地域性。

2）规模化应用建筑工业化建造模式

建筑新型工业化的建造模式，是对传统粗放式施工的变革。装配化的施工方式，减少了现浇施工方式所需要的模板、砂浆等辅材，也不需要脚手架等临时支撑，直接应用工厂集成生产的建筑构件，实现"搭积木"式的快速建造，可以提高施工人员的工作效率，缩短工期，将建筑工程中的人力、物力损耗降到最低，从而有效降低施工过程的资源消耗与碳排放。同时，装配化的施工方式将大部分施工湿作业转入工厂，可以减少施工粉尘及噪声污染，降低固体垃圾排放，避免施工造成的生态环境污染与破坏。

3）工程总承包（EPC）模式下建筑信息模型（BIM）设计施工一体化

工程总承包（Engineering Procurement Construction，EPC）模式下总承包方较早参

与项目全过程,使得BIM(Building Information Modeling)协同应用更加整体,设计方、施工方较早进行沟通,尽量在前期解决工程问题。利用BIM技术实现设计施工一体化应用,可以优化施工安装的组织顺序,合理排布管线等,帮助施工管理方在施工过程中实时收集信息、修正信息、分析信息、应用信息,有效地实施现场管理、生产任务管理、构件跟踪管理、整体进度管理、质量安全把控,提升整体施工水平,保证施工有序进行。

4)加强施工过程中的低碳节能管理

在建筑施工全过程中落实低碳节能理念,对施工区、生活区的用水用电进行监控管理,并定期记录;对水电供应等采取限时或用量控制管理措施,防止资源浪费;加强大型施工机械设备运行管理,禁止空载运行,提高使用效率;对机械进行定期维护,确保机械正常运行。

3. 高效化运营的能源使用策略

实现清洁高效的低碳建筑运营,必须在提升设备能效的基础上,进一步突出可再生能源的利用,并通过智能化手段,实现建筑能源系统的供需调配和监测控制,有效减少运营阶段碳排放。

1)更关注部分负荷工况下的建筑效能

在建筑实际使用过程中,空调运行工况不断变化,真正达到额定工况的时间很少,大多数时间工作负荷甚至不到设计负荷的50%。保证建筑设备系统输出能力与负荷需求的适配,提升系统的灵活性和可调性,选用部分负荷工况下更高能效的设备机组,可以充分提升部分负荷下的整体运行效率,从而实现在全年运行工况下的更低的能耗与碳排放。

2)可再生能源与建筑一体化应用

可再生能源技术研发和装备制造水平快速进步,大大降低了建筑使用太阳能、风能、地热能、空气能等可再生能源的门槛。应进一步提高建筑可再生能源应用比例,着力构建多能互补、供需协同的低碳建筑能源系统,为建筑深度脱碳,乃至实现零碳创造有利条件。

江北新区属太阳能资源可利用地区,日照较为充足,应结合利用建筑形体与表皮合理布置太阳能光伏系统。通过光伏与建筑一体化技术,将光伏组件与建筑屋顶、墙面或其他构件相结合,实现构造、功能层面的高度整合,甚至替代部分建筑部品部件。

但是,光伏与建筑一体化的设计往往偏离光伏组件的最佳发电角度,因此在设计时应考虑组件的方位角和倾角带来的发电衰减,综合权衡一体化形式。根据江北新区太阳能资源现状以及地理区位,不同类型光伏组件的方位角与倾角可参考表1-8、表1-9设计。

表 1-8 晶硅组件不同方位角、倾角组合下的发电衰减率　　　　　　　　单位：%/a

朝向	倾角									
	0°	12°	20°	32°	40°	52°	60°	70°	80°	90°
南偏西 180°	0.93	0.86	0.81	0.71	0.64	0.55	0.49	0.42	0.37	0.34
南偏西 150°	0.93	0.87	0.82	0.73	0.67	0.58	0.53	0.47	0.42	0.38
南偏西 130°	0.93	0.89	0.85	0.78	0.72	0.65	0.60	0.54	0.49	0.44
南偏西 110°	0.93	0.90	0.88	0.82	0.78	0.72	0.67	0.62	0.56	0.50
南偏西 90°	0.93	0.92	0.91	0.87	0.84	0.78	0.74	0.68	0.62	0.56
南偏西 70°	0.93	0.94	0.94	0.92	0.89	0.84	0.80	0.74	0.67	0.60
南偏西 50°	0.93	0.96	0.97	0.95	0.93	0.88	0.84	0.77	0.70	0.62
南偏西 30°	0.93	0.97	0.99	0.98	0.96	0.91	0.86	0.79	0.71	0.62
南偏西 10°	0.93	0.98	1.00	0.99	0.97	0.92	0.88	0.80	0.71	0.62
南向角度 0°	0.93	0.98	1.00	0.99	0.97	0.93	0.88	0.80	0.71	0.61
南偏东 10°	0.93	0.98	1.00	0.99	0.97	0.92	0.88	0.80	0.71	0.62
南偏东 30°	0.93	0.97	0.99	0.98	0.96	0.91	0.86	0.79	0.71	0.62
南偏东 50°	0.93	0.96	0.97	0.95	0.93	0.88	0.84	0.77	0.70	0.62
南偏东 70°	0.93	0.94	0.94	0.92	0.89	0.84	0.80	0.74	0.67	0.60
南偏东 90°	0.93	0.92	0.91	0.87	0.84	0.78	0.74	0.68	0.62	0.56
南偏东 110°	0.93	0.90	0.88	0.82	0.78	0.72	0.67	0.62	0.56	0.50
南偏东 130°	0.93	0.89	0.85	0.78	0.72	0.65	0.60	0.54	0.49	0.44
南偏东 150°	0.93	0.87	0.82	0.73	0.67	0.58	0.53	0.47	0.42	0.38
南偏东 180°	0.93	0.86	0.81	0.71	0.64	0.55	0.49	0.42	0.37	0.34

表 1-9 薄膜组件不同方位角、倾角组合下的发电衰减率　　　　　　　　单位：%/a

朝向	倾角									
	0°	12°	20°	32°	40°	52°	60°	70°	80°	90°
南偏西 180°	0.93	0.86	0.81	0.71	0.64	0.55	0.49	0.42	0.37	0.34
南偏西 150°	0.93	0.87	0.82	0.73	0.67	0.58	0.53	0.47	0.42	0.38
南偏西 130°	0.93	0.89	0.85	0.78	0.73	0.65	0.60	0.54	0.49	0.44

（续表）

朝向	倾角									
	0°	12°	20°	32°	40°	52°	60°	70°	80°	90°
南偏西 110°	0.93	0.90	0.88	0.82	0.79	0.72	0.68	0.62	0.56	0.50
南偏西 90°	0.93	0.92	0.91	0.87	0.84	0.79	0.75	0.69	0.62	0.56
南偏西 70°	0.93	0.94	0.94	0.92	0.89	0.84	0.80	0.74	0.67	0.60
南偏西 50°	0.93	0.96	0.97	0.96	0.93	0.89	0.84	0.78	0.70	0.62
南偏西 30°	0.93	0.97	0.99	0.98	0.96	0.91	0.88	0.80	0.72	0.63
南偏西 10°	0.93	0.98	1.00	0.99	0.98	0.93	0.88	0.81	0.72	0.62
南向角度 0°	0.93	0.98	1.00	1.00	0.98	0.93	0.88	0.81	0.72	0.62
南偏东 10°	0.93	0.98	1.00	0.99	0.98	0.93	0.88	0.81	0.72	0.62
南偏东 30°	0.93	0.97	0.99	0.98	0.96	0.91	0.88	0.80	0.72	0.63
南偏东 50°	0.93	0.96	0.97	0.96	0.93	0.89	0.84	0.78	0.70	0.62
南偏东 70°	0.93	0.94	0.94	0.92	0.89	0.84	0.80	0.74	0.67	0.60
南偏东 90°	0.93	0.92	0.91	0.87	0.84	0.79	0.75	0.69	0.62	0.56
南偏东 110°	0.93	0.90	0.88	0.82	0.79	0.72	0.68	0.62	0.56	0.50
南偏东 130°	0.93	0.89	0.85	0.78	0.73	0.65	0.60	0.54	0.49	0.44
南偏东 150°	0.93	0.87	0.82	0.73	0.67	0.58	0.53	0.47	0.42	0.38
南偏东 180°	0.93	0.86	0.81	0.71	0.64	0.55	0.49	0.42	0.37	0.34

同样，在设计太阳能光热系统时，为更好地将太阳能集热器与建筑有机结合，可采取与阳台、格栅一体化设计，但这种一体化方式也往往会偏离集热器最佳的集热角度。因此，为保证太阳能供热水需求，可以合理增加集热器补偿面积，结合江北新区太阳能资源现状以及地理区位，可根据表 1-10 选择太阳能集热器补偿面积比 R_S，并代入以下公式计算得到补偿后的太阳能集热器面积。

$$A_B = \frac{A_S}{R_S} \tag{1}$$

其中：

A_B ——进行面积补偿后实际确定的太阳能集热器面积；

A_S ——按集热器正南，倾角为当地纬度，计算得出的太阳能集热器面积；

R_S ——太阳能集热器补偿面积比。

表 1-10 南京江北新区太阳能集热器系统不同安装倾角和安装方位角条件下的 R_s 值

朝向	倾角									
	90°	80°	70°	60°	50°	40°	30°	20°	10°	0°
南偏东 90°	55%	61%	68%	75%	81%	86%	91%	94%	97%	97%
南偏东 80°	56%	64%	70%	77%	83%	88%	92%	95%	97%	97%
南偏东 70°	57%	65%	72%	78%	84%	90%	94%	96%	98%	97%
南偏东 60°	58%	66%	73%	80%	85%	91%	95%	97%	98%	97%
南偏东 50°	59%	67%	75%	82%	88%	92%	96%	98%	99%	97%
南偏东 40°	60%	68%	76%	83%	89%	94%	97%	99%	99%	97%
南偏东 30°	61%	69%	77%	84%	90%	94%	98%	99%	99%	97%
南偏东 20°	61%	69%	77%	85%	91%	95%	98%	100%	99%	97%
南偏东 10°	61%	70%	78%	85%	91%	96%	99%	100%	100%	97%
南向角度 0°	61%	70%	78%	85%	91%	96%	99%	100%	100%	97%
南偏西 10°	61%	70%	78%	85%	91%	96%	99%	100%	100%	97%
南偏西 20°	61%	69%	77%	85%	91%	95%	98%	100%	99%	97%
南偏西 30°	61%	69%	77%	84%	90%	94%	98%	99%	99%	97%
南偏西 40°	60%	68%	76%	83%	89%	94%	97%	99%	99%	97%
南偏西 50°	59%	67%	75%	82%	88%	92%	96%	98%	99%	97%
南偏西 60°	58%	66%	73%	80%	85%	91%	95%	97%	98%	97%
南偏西 70°	57%	65%	72%	78%	84%	90%	94%	96%	98%	97%
南偏西 80°	56%	64%	70%	77%	83%	88%	92%	95%	97%	97%
南偏西 90°	55%	61%	68%	75%	81%	86%	91%	94%	97%	97%

除太阳能光伏光热系统外，还可以采用地源热泵、水源热泵、空气源热泵等设备提高建筑可再生能源应用比例。在使用过程中应注重合理配置，可建立多种清洁能源协同耦合的用能模式，减少可再生能源不稳定的影响，提升全年使用的综合体验和系统能效。

3）大力推动建筑电气化

在未来国家电网逐步清洁化以及建筑可再生能源发电比例不断提高的趋势下，全面推进建筑电气化是消纳建筑产能及电网绿色电力的重要途径。但在技术应用中，应合理选择电气化替代技术。比如针对供热电气化，应当慎重选择直接电加热的低效方式，优先采用高能效的热泵技术等。

4）"光储直柔"配电系统

将分布式储能应用在建筑上，让建筑成为能源生产、消费和储存调节三位一体的综合载体，可就地消纳太阳能光伏产能，同时解决光电的间歇性、波动性问题。

在"光储直柔"中，"光"是指在建筑表面安装光伏发电，"储"是指在建筑内布置分布式蓄电以及通过智能充电桩利用电动车内蓄电池蓄电，"直"是指建筑配电直流化，"柔"是指让建筑成为电网的柔性负载。在建筑中使用"光储直柔"配电系统，可提升建筑可再生能源应用比例以及运行效果，改善可再生能源与建筑用能复杂供需不匹配的关键问题，并协助电网实现用能的削峰填谷，以全社会成本最低的方式解决电力不平衡问题，助力未来城市低碳能源系统的构建。

5）加强能源智能管控

通过集成建筑内能源系统，同时提高智能化水平，建立一个综合性、关联性、智能化的能源管理系统，可实现建筑能源的高度共享。建筑能源监测及管理应具备以下功能：能耗实时监测、能源报警管理、能耗设备管理、能耗分项计量统计、能源成本管理、能耗对标管理等。通过监测掌握各用能设备实时运行状态，提升建筑能源分配调度能力，提升能源综合运行效率。同时，针对建筑能耗情况进行详细统计分析，给出能源优化建议，实现建筑用能水平的提档升级。

第二章 社区低碳化——人才公寓集成实践

2.1 落户江北

2.1.1 实践背景

1. 加强人才服务保障，建设国际化人才集聚高地

为全面落实南京市政府人才安居政策，深入实施人才强区发展战略，吸引各类人才服务江北新区，新区进一步加大了投资建设人才公寓力度。通过加快人才公寓建设，着力打造一流创新生态体系，完善人才公共服务和生活保障，支撑高层次创新创业人才、专业技术人才和青年创业人才定居江北。

2. 创新技术示范引领，打造高质量低碳绿色片区

江北新区紧紧围绕碳达峰碳中和目标要求，充分发挥国家级新区和自由贸易试验区"双区"叠加战略优势，依托长江生态环境的自然资源禀赋和"两城一中心"的产城融合特色，着力提升城市规划建设与管理的绿色标准、生态标准，打造生产、生活、生态"三生融合"的"生态之城"。结合省级绿色建筑示范区创建工作，进一步打造建筑业转型升级的引领示范工程，提升新区绿色建筑与建造的整体水平，形成可复制、可推广的成套技术体系，促进新区创新发展，力争将江北新区建设成为国内领先的绿色宜居新城典范。

南京江北新区中央商务区是中国（江苏）自由贸易试验区南京片区的重要板块和南京"双主城"规划的江北核心区，更是践行绿色生态城市发展理念的先遣平台。中央商务区以南京江北新区人才公寓（1号地块）项目为突出代表，集聚打造一批绿色低碳高水平项目示范，以点带面，强化绿色生态建设的集聚效应，着力打造城市中心区绿色发展标杆。

2.1.2 项目概况

南京江北新区人才公寓（1号地块）项目是南京市江北新区探索绿色建筑及建筑工业化发展，响应江苏省建设领域高质量发展目标的重点示范项目和载体平台。项目以创新、协调、绿色、开放、共享五大发展理念为引领，以集成化产品为目标，探索适合于未来建筑的创新性建筑技术体系，系统集成了超低能耗建筑、装配式建筑、智慧建筑、海绵住区等前沿绿色低碳建筑技术。通过技术创新，引领质量提升，打造全生命期绿色健康、百年耐久、智慧宜居的高品质低碳社区，树立新区低碳社区发展标杆（图2-1）。

图 2-1　南京江北新区人才公寓（1 号地块）项目效果图

南京江北新区人才公寓（1 号地块）项目具有优越的地理位置、优良的自然生态、成熟的交通体系，以及丰富的医疗、教育与科技资源，具备创新潜力。项目东南至明辉路，西南至吉庆路，西北至现状河道，东北至珍珠南路，总用地面积为 69 550 m²，总建筑面积 208 518 m²，其中地上建筑面积 159 225 m²，地下建筑面积 49 293 m²，户数 2 357 户，绿地率 35%。项目 1～11 号楼为高层住宅，12～13 号楼为社区中心和商业建筑（图 2-2、表 2-1）。

图 2-2　南京江北新区人才公寓（1 号地块）项目实景图

南京江北新区人才公寓（1号地块）项目采用 EPC 模式，保证绿色低碳技术的精细化设计与贯彻落地。项目以低碳化社区理念为指引，以绿色建筑三星级为目标，提升总体建筑能效，深度实践可再生能源建筑综合应用，整合太阳能光电、光热、地源热泵技术，同时采用工业化建造方式，从全生命期角度降低社区内建筑整体碳排放水平。项目以使用者体验感为导向，通过健康建筑与智慧建筑技术加持，旨在打造成面向未来的现代化高品质社区。

表 2-1　南京江北新区人才公寓（1号地块）项目经济技术指标

名称	数值	名称	数值
总用地面积/m²	69 550	地下建筑面积/m²	49 293
总建筑面积/m²	208 518	建筑占地面积/m²	11 149
地上建筑面积/m²	159 225	绿地率/%	35

2.2　低碳社区实践重点

2.2.1　一刻钟便民生活圈，打造社区宜居空间

南京江北新区人才公寓（1号地块）项目设置了多项生活设施配套，建立了一刻钟便民生活圈，全方位保障居民的生活需求，打造立体式多维配套系统（图 2-3）。项目周围

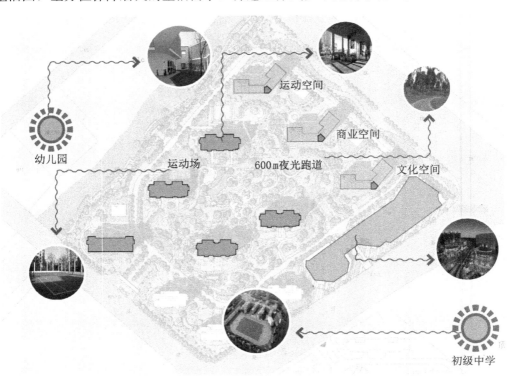

图 2-3　设施配套布局

具有便民交通场站，加强了社区与城市的交通联系，便于居民通勤出行。项目西侧有幼儿园，社区中心与配套商业集中设置，形成区域级配套服务中心，辐射本基地和周边社区。此外，项目在底层架空空间设置泛会所，在场地内设置健康步道、运动场，打造运动休闲的健康生活空间。

按照居民的生活习惯，场地内分时段设置了中央景观区、老年活动区、青年活动区、儿童活动区和邻里交流区等室外活动空间，营造满足休闲、社交、共享、运动、健康需求的全龄化宜居社区（图2-4）。

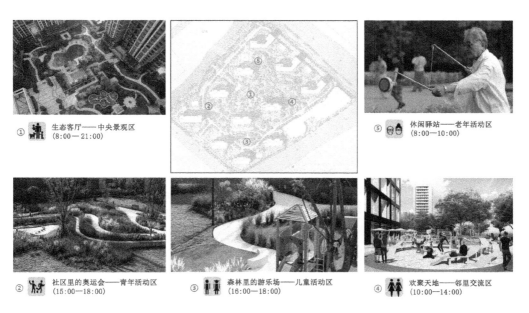

① 生态客厅——中央景观区
（8:00—21:00）

⑤ 休闲驿站——老年活动区
（8:00—10:00）

② 社区里的奥运会——青年活动区
（15:00—18:00）

③ 森林里的游乐场——儿童活动区
（16:00—18:00）

④ 欢聚天地——邻里交流区
（10:00—14:00）

图2-4　室外活动空间规划

2.2.2　优化构建场地生态环境

南京江北新区人才公寓（1号地块）项目通过强化气候适应设计、优化建筑布局，营造适宜的室外生态环境。夏季强化自然通风并减少太阳辐射，冬季保证足够的日照并避开主导风向。通过改善场地微气候，不仅能降低建筑使用能耗，而且能提升居民室外活动空间的质量，充分体现健康、舒适、安全的人文关怀。

在方案设计中优化建筑布局，以改善人员活动区自然通风效果，同时降低无风区面积，利用自然通风带走场地热量及污染物，保证场地的空气品质。

项目通过软件模拟，测算基地内光环境和日照指标，打造合理的生态布局。模拟结果表明，区域①清晨阳光较好，适合老人晨练、晒太阳，早晨阳光较为舒适，此区域可按老年人活动场地设计景观（图2-5、图2-6）；区域②下午阳光温和，且靠近主入口和幼儿园，适合布置儿童活动场地；区域③阳光均质，适合布置公共活动场地，周围适当布置遮阴乔木，遮挡中午时段较强的阳光（图2-7）。

图 2-5 室外风环境优化前

图 2-6 室外风环境优化后

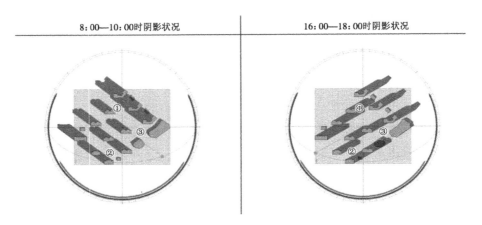

图 2-7 室外光环境模拟

项目同时设置透水沥青、透水地砖、透水木平台（图2-8），改善场地内的气候环境，提高环境舒适性，降低场地综合径流系数，减少场地雨水外排量（表2-2）。

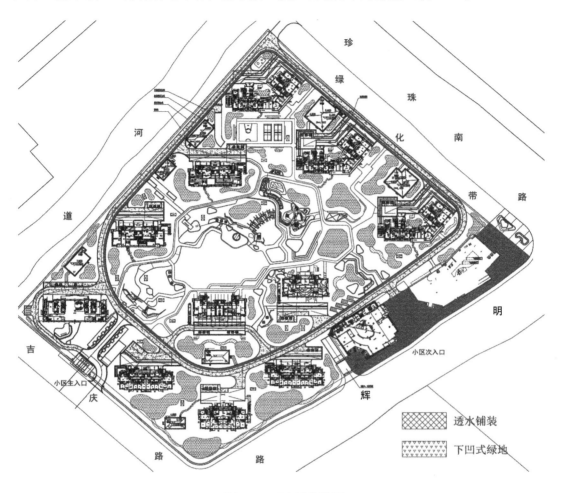

图 2-8　透水铺装地面

表 2-2　透水铺装面积

序号	透水铺装类型	数值
1	透水沥青面积/m²	14 412.3
2	透水地砖面积/m²	3 183.6
	透水铺装面积合计/m²	17 595.9
	硬质铺装总面积/m²	34 302.1
	硬质铺装地面中透水铺装面积的比例/%	51.3

项目利用内外借景的方式，做到户户有景。远借老山山景资源，打造远眺景观通廊；近借滨水景观带，营造外环水通廊；小区内部设置中心绿地，营造蓝绿景观公共共享空间（图2-9）。

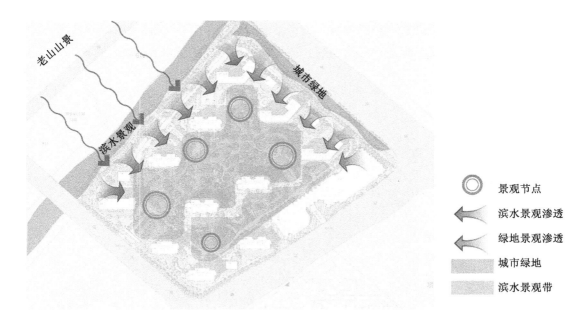

图 2-9　项目景观布置

2.2.3　光伏建筑一体化创新融合

项目围绕光伏与建筑一体化，将光伏与屋面、幕墙、遮阳系统相结合，综合应用分布式光伏技术（图 2-10）。

图 2-10　光伏建筑一体化技术应用

1. 光伏与幕墙一体化

南京江北新区人才公寓（1 号地块）项目 3 号楼未来住宅采用光伏与建筑幕墙一体化设计，在建筑表皮上充分考虑被动式节能设计要求，通过装配式的玻璃纤维增强混凝土

（Glass Fiber Reinforced Concrete，GRC）装饰构件，实现建筑夏季的垂直和水平综合遮阳。通过参数化模拟分析，合理确定围护结构的传热系数，降低建筑冷热负荷。薄膜光伏电池和高性能玻璃幕墙结合，充分利用城市高密度空间中的垂直立面资源，产生清洁电能，实现分布式能源设计（图2-11）。

图 2-11　3 号楼未来住宅光伏与幕墙一体化实景图

2. 光伏与屋面一体化

南京江北新区人才公寓（1 号地块）项目 12 号楼社区中心顶部三个斜屋顶形成了人工山丘的建筑形态，斜屋面上结合屋顶木屋架布置成片的太阳能板，所有的太阳能板以最佳的朝向融合在建筑的屋面上，最大限度地提高太阳能的利用效率。同时，12 号楼通过坡道、台阶引导地面往来人群拾阶而上。从整体外观看，整栋建筑仿佛一座屹立的"能量山"，与城市保持着积极的互动（图2-12）。

3. 光伏与遮阳一体化

南京江北新区人才公寓（1 号地块）项目 9 号楼 L 形住宅采用一体化立面体系，由金属板和太阳能板组成。独特的立面形成了高效的遮阳系统，光伏组件在接受太阳辐射产生电能的同时阻挡了太阳能对室内的照射，立面上深色的太阳能板面积约为 1 000 m²，其余部分为浅灰色金属板材，与深色光伏板建立联系，错落有致（图2-13）。

图 2-12　12 号楼社区中心光伏与屋面一体化实景图

图 2-13　9 号楼 L 形住宅光伏与遮阳一体化实景图

2.2.4　低能耗建筑规模化示范

南京江北新区人才公寓（1 号地块）项目包含 11 栋高层住宅、1 栋社区中心，以及 1 栋商业建筑，所有建筑按照高标准、高品质要求打造，全面使用绿色、低碳、健康建筑技术体系，严格按照绿色建筑三星级、健康建筑三星级标准设计建造，并获相关认证，其中 12 号楼社区中心进一步提升，打造成为零能耗建筑。社区通过建设低碳绿色建筑集群，提升整体能效水平（图 2-14）。

12号楼绿色建筑设计标识证书

3号楼绿色建筑设计标识证书

1~2号楼、4~11号楼健康建筑设计标识证书

3号楼健康建筑设计标识证书

1~2号楼、4~11号楼绿色建筑设计标识证书

12号楼健康建筑设计标识证书

12号楼零能耗建筑认证证书

图2-14　相关认证证书

2.2.5　装配式建筑技术综合应用

南京江北新区人才公寓（1号地块）项目高层住宅结构均采用装配式混凝土剪力墙结构，其中3号楼未来住宅采用装配式组合结构（装配式钢框架＋现浇混凝土核心筒），积极探索百年住宅技术体系；12号楼社区中心采用新型木结构体系。

此外，该项目为江苏省全装配式装修示范小区（表2-3），其中3号楼未来住宅采用装配式内装SI（Skeleton/Infill）建造体系，主体结构、内部装饰装修与设备管线实现三分离，在建筑全寿命期内实现可变、可更换、可升级。

表 2-3　项目装配式建筑应用统计

楼栋号	地下＋地上层数	房屋高度/m	预制装配率/%	结构体系
1号	1＋24	71.89	65.85	预制装配整体式剪力墙结构
7号	1＋24	72.39	65.85	
2号、4号、5号	1＋24	71.89	64.01	
6号、8号	1＋32	96.39	64.33	
9号、10号、11号	1＋31	98.15	63.74	
3号	2＋28	96.75	86.22	装配式钢结构＋混凝土剪力墙组合结构体系
12号	0＋3	14.40	89.40	装配式现代木结构

2.2.6　直流微电网助力社区低碳化场景

南京江北新区人才公寓（1号地块）项目积极开展直流微电网试点应用，打造全国首个住宅小区内应用直流微电网的示范工程（图2-15）。项目以分布式可再生能源利用为核心，探索最前沿的直流楼宇微电网系统，实现光伏清洁能源最大化本地消纳。

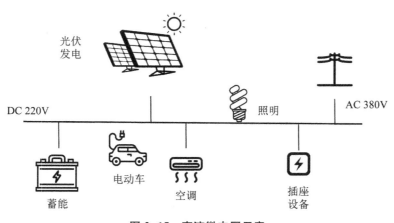

图 2-15　直流微电网示意

第三章 木结构零碳建筑——社区中心

3.1 项目概况

1. 项目基本情况

南京江北新区人才公寓（1号地块）项目12号楼社区中心是江苏省第一栋木结构零碳建筑。12号楼位于社区东侧主入口，建筑地上共3层，总高度为14.4 m，总建筑面积为2 376 m²，预制装配率达到89.4%，主要功能为社区服务、物业管理和绿色低碳技术展示（图3-1、图3-2、表3-1）。12号楼已获得绿色建筑三星级、健康建筑三星级、零能耗建筑认证，并获2020 Active House Award中国区竞赛最佳可持续奖、2019国际光伏建筑设计竞赛优秀奖等奖项。

图3-1 12号楼社区中心夜景效果图

图 3-2　12 号楼社区中心全景图

表 3-1　12 号楼社区中心基本参数

项目地点	江苏南京	
气候区域	夏热冬冷地区	
建筑朝向	南偏东 32.47°	
建筑层数	地上 3 层	
建筑高度	14.4 m	
建筑面积	2 376 m²	
体形系数	0.29	
窗墙比	南向	0.31
	北向	0.45
	东向	0.45
	西向	0.38

　　12 号楼社区中心一层主要为绿色低碳技术展示区、社区服务和办公区，二层主要为社区活动室和会议室，三层主要为物业管理办公室（图 3-3～图 3-5）。

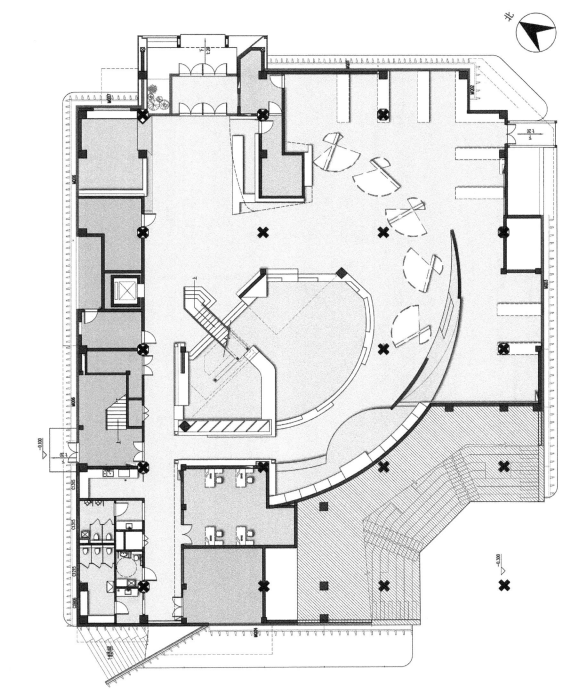

北

图 3-3　12 号楼社区中心一层平面图

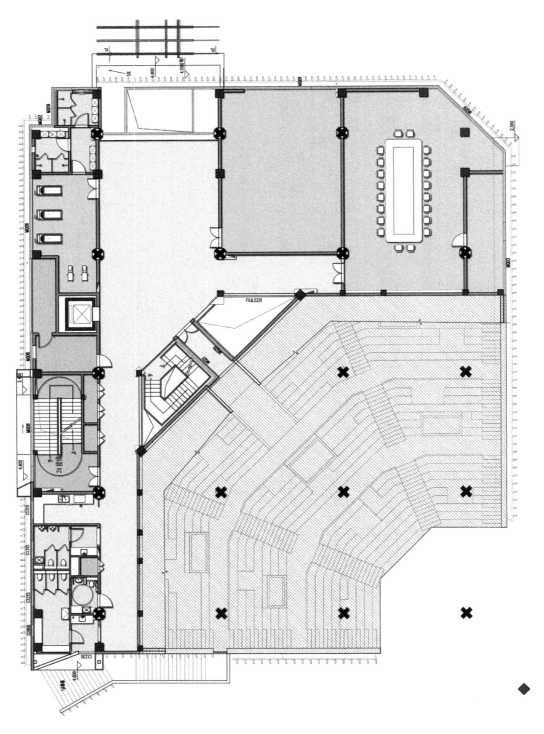

图 3-4　12 号楼社区中心二层平面图

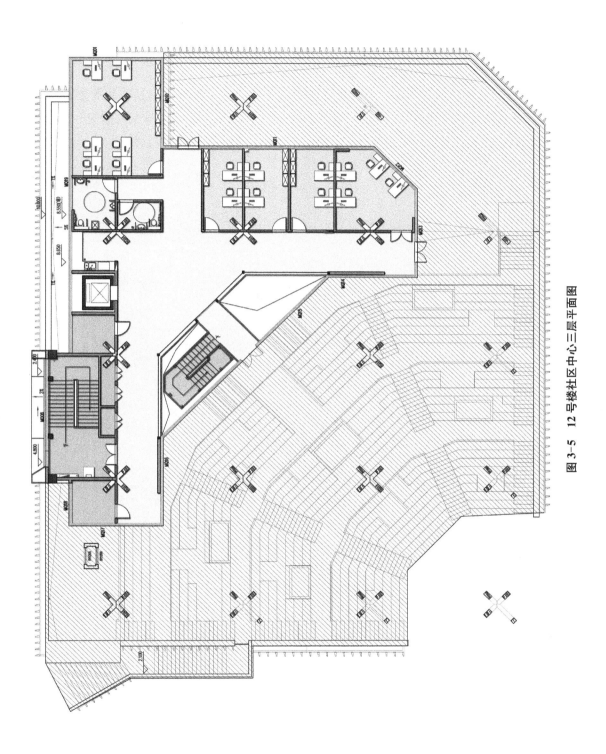

图3-5　12号楼社区中心三层平面图

3.2 被动式建筑

3.2.1 建筑空间布局优化

1. 层高控制

建筑层高与能耗紧密相关，高大的建筑空间一方面会增加建筑热环境控制的空间体量，另一方面会显著影响空调气流组织，造成空调系统能耗增加。12号楼社区中心在满足建筑功能的基础上，通过精细化设计，尽量降低层高，降低室内环境控制能耗（图3-6）。

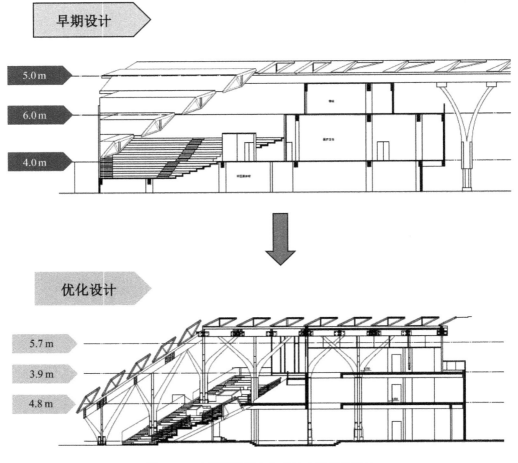

图3-6 12号楼社区中心建筑空间优化设计

2. 过渡空间设计

12号楼社区中心将设备机房、楼梯间等对热环境舒适度要求不高的房间设置在建筑外区，特别是建筑西北侧，形成建筑热环境的缓冲区域，提升建筑的被动式节能表现。可以看出，全年主要功能空间的气温波动幅度小于热过渡空间，并显著小于室外气温（图3-7、图3-8）。

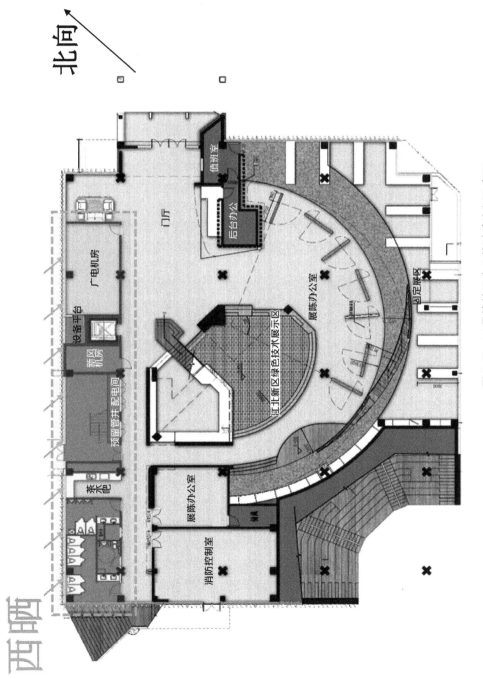

图 3-7　12 号楼社区中心热过渡空间示意图

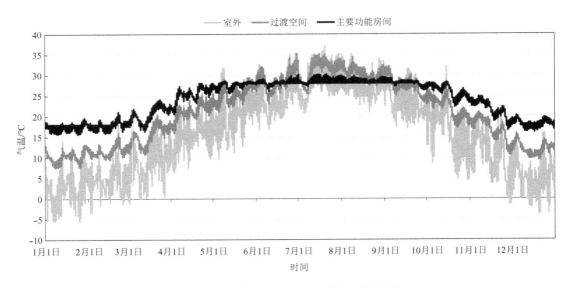

图 3-8　12 号楼社区中心各空间全年气温变化

3. 楼梯空间设计

对 12 号楼社区中心中庭悬梯进行精细化设计，将楼梯设置在引人注目的位置，引导建筑使用者拾级而上，减少电梯使用，进而实现行为节能（图 3-9）。

图 3-9　中庭悬梯设计

3.2.2　建筑遮阳系统

1. 格栅遮阳优化

由于 12 号楼社区中心建筑南侧主要为室外剧场，接受太阳辐射的朝向相对偏东、西方向，因此考虑以垂直木格栅为立面遮阳方式，符合东西朝向的建筑遮阳控制特点（图 3-10）。

图 3-10　格栅遮阳实景

为充分提高建筑遮阳效果，并尽可能减少对自然采光、冬季采阳的影响，设计初期对遮阳参数的选取进行了详细的性能化分析（图 3-11～图 3-13）。

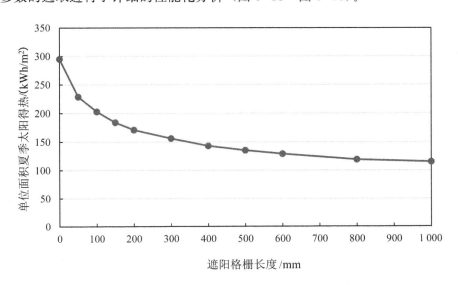

图 3-11　遮阳格栅长度与单位面积夏季太阳得热的关系

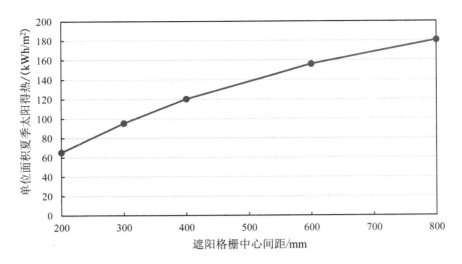

图 3-12 遮阳格栅中心间距与单位面积夏季太阳得热的关系

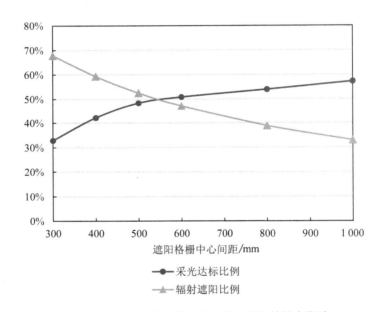

图 3-13 南立面遮阳格栅与采光、遮阳的综合影响

基于 Grasshopper 平台，建立建筑格栅模型，通过参数化性能分析，在兼顾采光与遮阳的同时选取最优格栅设计参数，如图 3-14 所示。同时更改格栅间距参数、格栅尺寸参数，建立百余种格栅参数组合，分析不同组合下室内太阳辐射量以及平均照度水平，筛选出满足标准指标的格栅参数，并通过性能排序，最终确定格栅设计参数。

根据性能化分析结果，遮阳板参数设计如下：

（1）西晒立面（西北）：格栅设计主要考虑夏季遮阳。遮阳板参数为：外挑长度 300 mm，中心间距 450 mm（图 3-15）。

（2）采光立面：格栅设计兼顾自然采光、冬季采阳和夏季遮阳。遮阳板参数为：外挑长度 300 mm，中心间距 600 mm（图 3-16）。

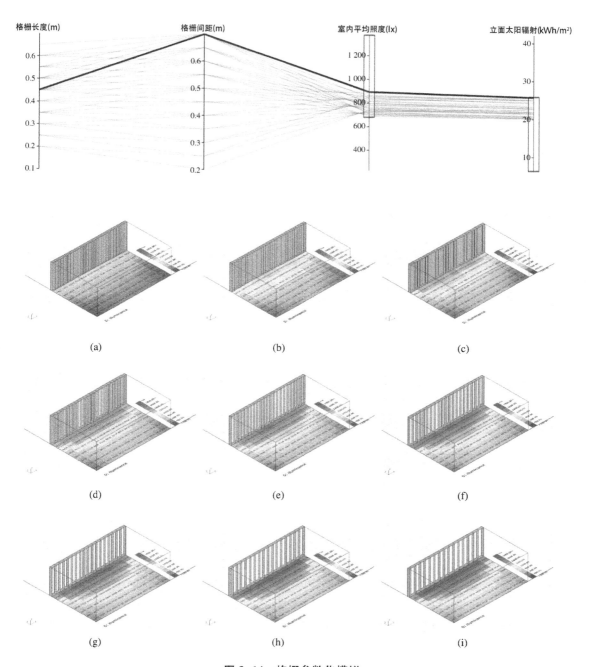

图 3-14 格栅参数化模拟

图 3-15 西晒立面格栅设计图

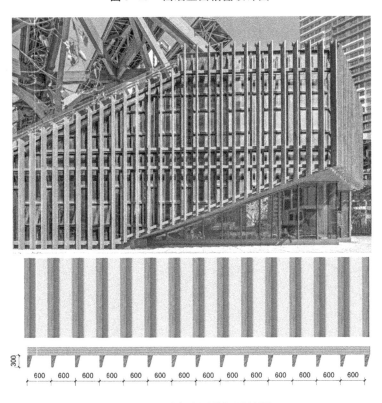

图 3-16 采光立面格栅设计图

3.2.3　自然通风

　　12号楼社区中心建筑形体较为扁平，故引入中庭设计，扩展室内的空间感，并强化建筑的采光（图3-17～图3-20）。但是采光中庭的设置也容易带来夏季热堆积的问题，因此需要在顶部开窗以改善中庭的微气候。在方案阶段，通过模拟对比了屋顶开窗和开

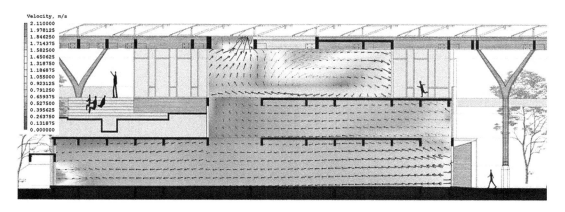

图 3-17　屋顶天窗通风方案

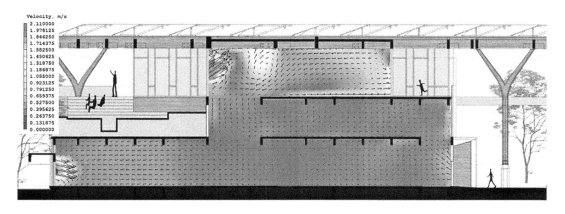

图 3-18　高侧窗通风方案

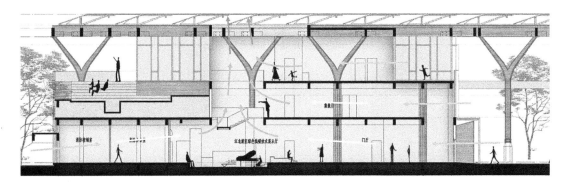

图 3-19　自然通风示意图

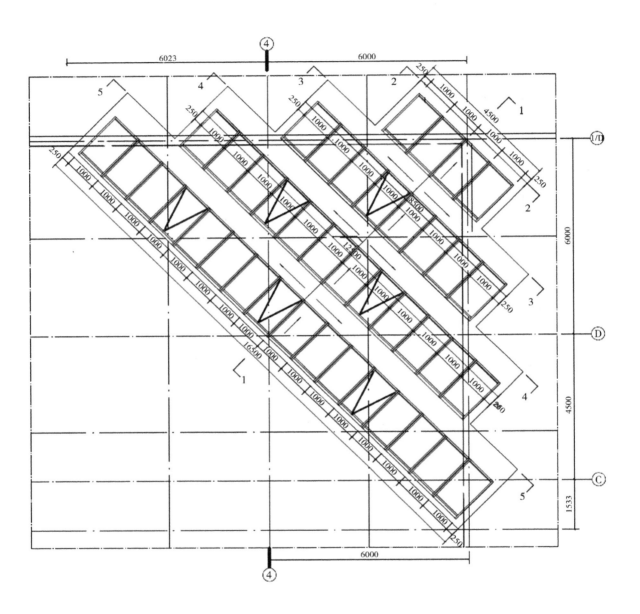

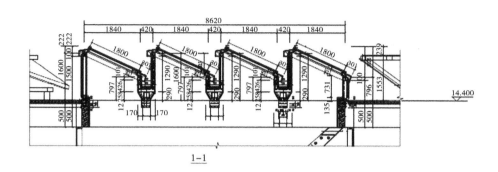

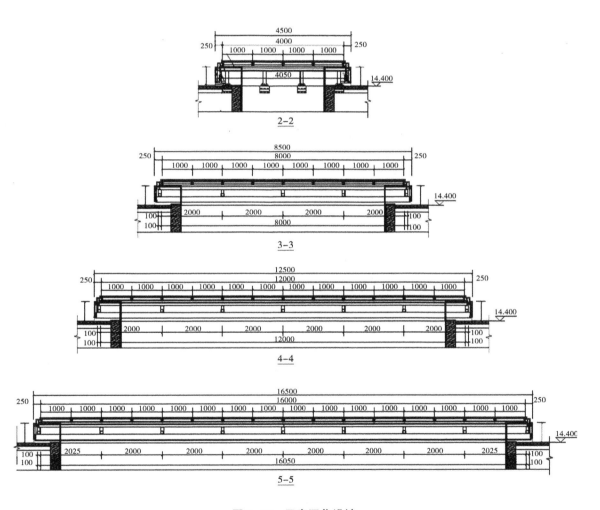

图 3-20　天窗深化设计

高侧窗方案下中庭自然通风效果。经模拟分析发现，屋顶开窗的方案不容易受到夏季侧风的影响，对建筑整体自然通风效果提升较大，相对更优。因此，12号楼社区中心最终采用了在屋顶开窗的方案。

此外，12号楼社区中心中庭上空设置了高性能的天窗系统，以改善室内的微气候，在采光、通风、遮阳、保温等建筑环境需求间寻求合理的平衡。在建筑中构建热压通道，强化自然通风效果，可以实现夏季和过渡季空调开启时间的减少。

12号楼社区中心屋顶天窗采用智能控制，天窗的开启、遮阳的调节均可以现场遥控，同时可接入楼宇自动控制系统（图3-21）。

（a）俯视图　　　　　　　　　　　　　　（b）仰视图

图3-21　天窗实景图

3.2.4　自然采光

1. 天窗自然采光

12号楼社区中心建筑一层有较大的建筑内区，在自然采光上存在短板。天窗的设计显著改善了建筑内区的采光水平。以一层为例，设置了天窗后，中庭区域平均采光系数从0.02变成0.06左右，提升了约2倍（图3-22）。

12号楼社区中心的天窗设计兼顾采光和遮阳，玻璃的可见光透射比达到0.51，而太阳得热系数仅为0.28，夏季太阳辐射得到有效控制。此外，天窗的传热系数仅为1.38 W/（m² · K），能够有效减少冬季室内热损失（图3-23）。

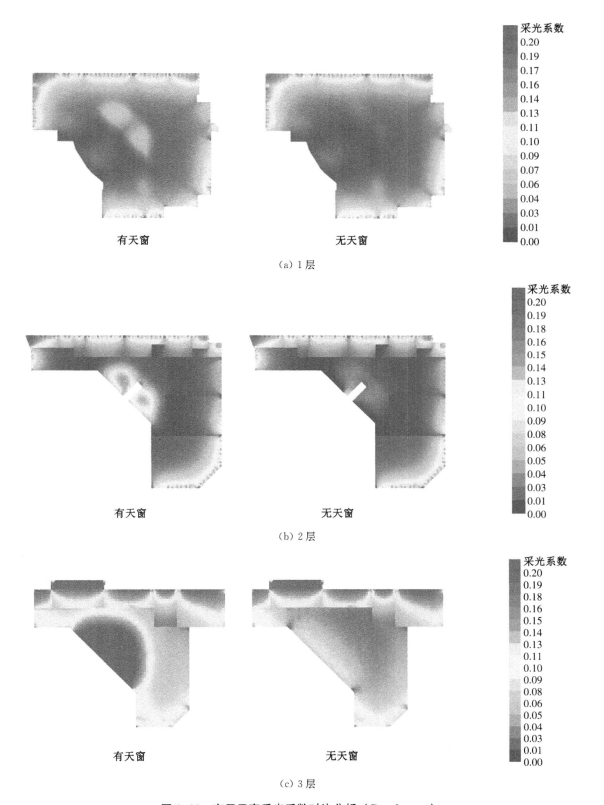

（a）1层

（b）2层

（c）3层

图 3-22 有无天窗采光系数对比分析（Grasshopper）

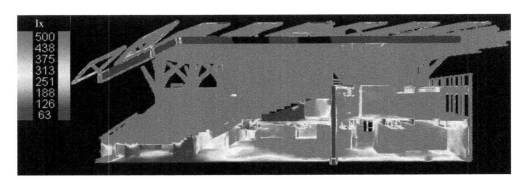

（a）有天窗

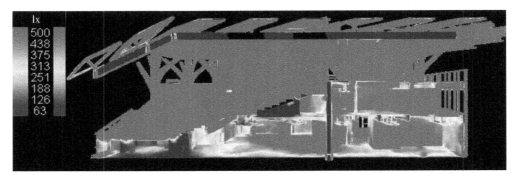

（b）无天窗

图 3-23　有无天窗采光对比分析（日光）

2. 采光井

12 号楼社区中心的阶梯剧场设置多处采光井，以将室外自然光引入室内，改善室内自然采光效果（图 3-24）。

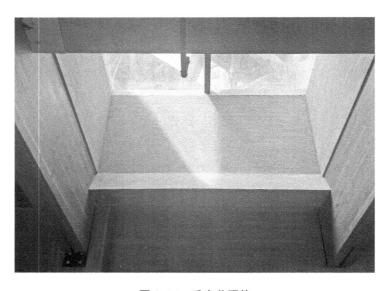

图 3-24　采光井照片

3.2.5 高性能围护结构

南京地处夏热冬冷地区，夏季炎热潮湿，冬季较为寒冷。围护结构保温性能对于整体能耗表现的影响在夏热冬冷地区不及寒冷地区和严寒地区，因此南京地区不能直接照搬寒冷和严寒地区的超低能耗围护结构热工体系，比如德国被动房等，应当结合具体建筑特征进行围护结构热工的性能化分析。

12号楼社区中心在设计过程中，对围护结构保温性能对建筑空调负荷的影响进行了详细分析。由图3-25可知，在《公共建筑节能设计标准（节能65％）》（GB 50189—2015）的基础上逐步提高围护结构的保温性能，可以显著地降低建筑室内热负荷，但对建筑室内冷负荷影响较小。综合全年室内负荷来看，提高保温性能虽然可以持续降低建筑空调负荷，但是边际效益逐步递减。当保温性能达到一定水平后，对空调负荷的总体影响则不再明显。

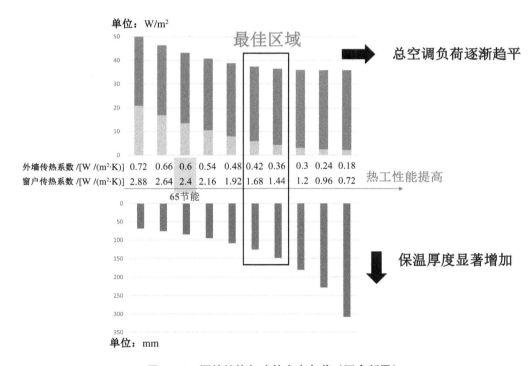

图3-25 围护结构与建筑室内负荷（不含新风）

与此同时，外保温的厚度却随着保温性能要求的提升呈非线性增长。从图3-25中可以看出，当外墙传热系数在0.39 W/（m²·K）以下，继续提高保温性能，外保温厚度会显著增加。这一方面带来成本的提升，另一方面也因为厚度过大带来施工难度和安全隐患的增加。

基于以上分析结果，12号楼社区中心合理提升了建筑围护结构保温性能。相比于同类建筑，本项目节能标准仍然有大幅提升，同时取值也符合《近零能耗建筑技术标准》（GB/T 51350—2019）的具体指标要求（表3-2）。

表 3-2　围护结构传热系数对比　　　　　　　　　　　　　单位：W/（m² · K）

部位	材料	本项目	《公共建筑节能设计标准》（GB 50189—2015）	《近零能耗建筑技术标准》（GB/T 51350—2019）
屋面	140 mm 厚 XPS 保温	0.24	≤0.4（D≤2.5） ≤0.5（D>2.5）	0.15～0.35
外墙	140 mm 厚玻璃棉保温	0.40	≤0.6（D≤2.5） ≤0.8（D>2.5）	0.15～0.40
外挑楼板	140 mm 厚玻璃棉保温	0.38	≤0.7	—
外窗	高性能暖边三玻两腔中空钢化玻璃：6 mm 高透 Low-E＋12Ar＋6 mm＋19Ar＋6 mm	1.6	≤2.4	≤2.2

1. 外墙

外墙结合木结构构造做法，采用 140 mm 厚玻璃棉进行保温，整体传热系数控制在 0.40 W/（m² · K）（图 3-26）。

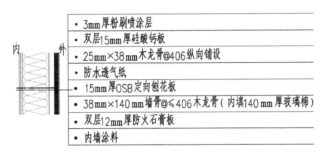

图 3-26　外墙做法

2. 屋面

屋面采用 140 mm 厚 XPS 保温，整体传热系数控制在 0.24 W/（m² · K）（图 3-27）。

3. 外窗（玻璃幕墙）

12 号楼社区中心外窗（玻璃幕墙）采用断桥铝合金窗（5 mm Low-E＋19Ar（百叶）＋5 mm＋9Ar＋5 mm），传热系数控制在 1.6 W/（m² · K），外窗气密性达到 8 级。

12 号楼社区中心整体窗墙比控制在 0.43，在保证建筑功能的前提下，减少透明围护结

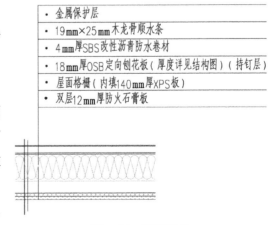

图 3-27　屋面做法

构对整体节能效果的影响。

4. 挑空楼板

挑空楼板也是影响围护结构传热的重要环节，12号楼社区中心对挑空楼板同样采用 140 mm 厚玻璃棉保温，传热系数控制在 0.38 W/（m² · K）。

3.3　光伏微电网

3.3.1　光伏"能量山"

12号楼社区中心项目积极探索形式与性能之间的关系，以可再生能源与建筑形体的融合来提升可持续建筑的综合性能。屋顶的光伏板以最佳的朝向设置在建筑屋面木结构框架上，能够最大限度提高太阳能的利用效率。从建筑的整体外观看，屋面流线起起伏伏，整栋建筑仿佛一座屹立的"能量山"，通过坡道、台阶吸引地面的人流拾级而上。社区中心在城市空间林立的高楼大厦之间形成一道独特的风景，但又不隔绝脱离于城市的空间，始终与城市保持着积极的互动（图3-28）。

图3-28　"能量山"实景

1. 系统方案

12号楼社区中心屋顶光伏装机容量为 345 kWp，面积约 1 800 m²。16块光伏组件形成一个串组，共54串，3串并一组，共18组，经汇流箱汇流后直接接入18台20 kW直流变换器，再接入750 V直流母线（图3-29）。

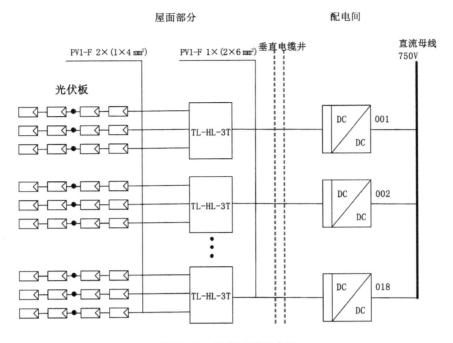

图 3-29　光伏系统组成图

12 号楼社区中心屋顶光伏选用发电效率较高的单晶硅电池组件作为发电单元，组件峰值功率为 400 Wp，其技术参数见表 3-3。

表 3-3　屋顶光伏选用组件技术参数表

编号	项目名称	数据
1	太阳电池种类	单晶硅组件
2	标准功率/W	400
3	峰值电压/V	39.8
4	峰值电流/A	10.05
5	短路电流/A	10.62
6	开路电压/V	48.2
7	组件效率/%	19.4
8	峰值功率温度系数/（%/℃）	−0.36
9	开路电压温度系数/（%/℃）	−0.28
10	短路电流温度系数/（%/℃）	0.06
11	尺寸/mm	2 020×1 016×40
12	质量/kg	23.5

此外，12 号楼社区中心项目集成一套光伏故障精确检测系统，实现对所有光伏板数据的全采集，保证故障的快速定位。

2. 光伏发电分析

12号楼社区中心对光伏系统状态进行实时监测，对每日逐时光伏发电情况做精细记录统计，以便分析光伏系统发电效益，掌握项目光伏发电总体情况，并针对运行数据的分析结果进行合理调控（图3-30）。

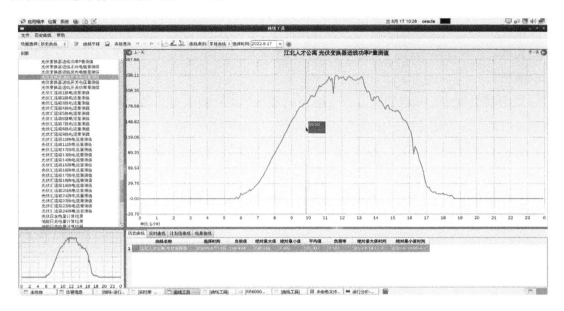

图3-30　光伏输出功率监测页面

根据光伏运行数据结果，以2022年8月15—31日为例，典型日光伏系统发电量约为1500 kWh，光伏最大输出功率达到340 kW。按25年估算，寿命期内光伏每年平均发电约22.93×10^4 kWh（图3-31）。

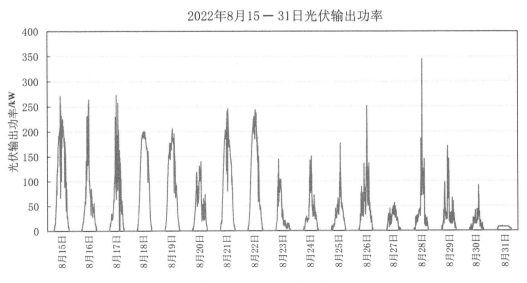

图3-31　光伏输出功率曲线

3.3.2　直流微电网系统

分布式的可再生能源解决了"产能"的问题，但也带来了"消纳"的难点。传统的解决方案是将建筑产出的清洁能源直接并网，通过发电和用电的抵偿实现能源消纳，本质上是把供需调配的问题推给电网，同时也没有做到发电效益最大化。

此外，光伏等可再生能源天生是直流电，同时建筑终端的用能产品也逐步直流化，而目前的建筑供配电系统为交流电，这就无形中产生了多个交直流转换环节，带来相应的能源损失。

12号楼社区中心项目聚焦可再生能源的就地消纳，引入直流微电网设计：整栋楼宇采用直流配电，直接应用光伏产生的直流电能；同时将智慧储能、能源管理等功能集成，形成分布式的微电网系统。项目的清洁能源不仅可以实现建筑能源自给，还可以给电动汽车进行充电。在12号楼社区中心项目中，光伏发出电量将优先供给社区中心内末端设备使用，剩余电量存入储能装置，如储能电池充满后仍有剩余，则供应13号楼商业建筑用电。

1. 总体架构

12号楼社区中心直流微电网系统由直流配电系统、分布式光伏、储能电池、充电桩、直流负荷等可控单元组成。其中直流配电柜、直流逆变器柜及光储充一体机放置在一层光伏配电间内，充电桩、储能电池柜布置在室外（图3-32）。

图 3-32　直流微电网系统机房

12 号楼社区中心项目直流微电网系统架构示意图如图 3-33 所示。

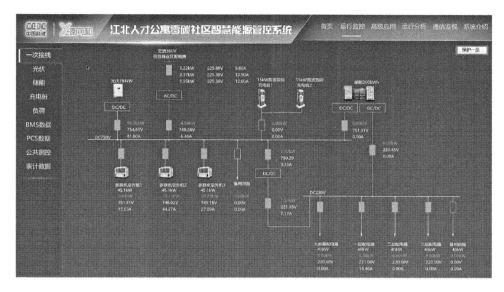

图 3-33　系统架构图

12 号楼社区中心项目直流微电网系统关键指标的提升情况如下：

（1）分布式发电就地消纳率 100%，微电网内部供电可靠性＞99.999%。

（2）直流微电网状态检修覆盖率达到 100%。

（3）直流供电减少能源转换环节，提升用电效率，由交流的 95% 提升至 98%。

2. 充电桩充放电系统

12 号楼社区中心项目建设 3 台 7 kW 电动汽车交流双向充电桩（表 3-4），2 台 10 kW 电动汽车直流双向充电桩（表 3-5），每台充电桩配 1 个充电枪。充电桩主要服务于社区乘用车，采用分体式布置，并试点 V2G 模式的运营模式，引导鼓励用户参与电网互动。直流充电机以 DC 750 V 母线供电，交流充电机以 AC 380 V 母线供电。

表 3-4　7 kW 交流充放电机规格参数

名称	参数
总功率	7 kW
输出电流	AC 32 A
冷却方式	强制风冷
输出电压	AC 220 V
充电接口数量	1
充电效率	≥86%@（P≥70%Prated）
放电效率	≥82%@（P≥70%Prated）
充放电机柜尺寸	83 mm×219 mm×534 mm
充放电桩尺寸	514 mm×480 mm×130 mm

表 3-5　10 kW 直流充放电机规格参数

名称	参数
总功率	10 kW
输出电流范围	DC 0~20 A
冷却方式	强制风冷
输出电压范围	DC 200~800 V
充电接口数量	1
充电效率	≥94%@（P≥70%Prated）
放电效率	≥93%@（P≥70%Prated）
充放电机柜尺寸	83 mm×219 mm×534 mm
充放电桩尺寸	350 mm×350 mm×1 400 mm

　　充电桩充放电系统可以实现多种充放电模式：恒流、恒压、恒功率、MPPT 模式。充放电模式无缝切换，并可根据设定的策略实现能量的流向，实现车辆充电、车辆馈电、车辆能量的相互补给等。根据直流母线运行状态，自动调节配电房内充放电设备的运行状态，如降功率运行。

　　功率控制器采用计算机控制，可获取充电终端车辆充电需求信息以及功率模块状态信息及运行参数，并接收能量管理系统后台调度指令。根据车辆充电需求、功率模块和整流模块状态以及电网侧需求响应，进行集中整流与多路充放电的协同控制，按预定的控制策略实施对多个功率模块的输出功率分配和充放电参数调控（图 3-34）。

图 3-34　直流充电桩实景（共两台）

3. 储能系统

12号楼社区中心工程包含一套 40 kW/200 kWh 锂电池储能系统，接入 750 V 直流母线。储能配置原则根据《推进并网型微电网建设试行办法》，保证在社区出现断电时，照明正常供电两小时。

1）电池技术选型

12号楼社区中心项目对储能电池技术路线进行比选：铅炭电池作为传统铅蓄电池演进而来，成本较低，在江苏省内用户侧储能已有丰富的应用经验，但其能量密度和充放电倍率低，不能满足本项目要求；全钒液流电池能量密度低、成本高、占地面积大；磷酸铁锂电池作为政府重点推广的电池类型，是将来储能电池的主流技术路线，具备安全可靠、放电深度和充放电倍率高等优势。综合对比各类电池性能，12号楼社区中心项目采用磷酸铁锂电池（表3-6）。

表 3-6　主流电化学储能技术对比

参数	铅炭电池	磷酸铁锂电池	全钒液流电池
能量密度	中	优	差
成本/（元/kWh）	1 000	2 000	4 000
充放电倍率	<0.3 C	<1 C	0.25 C
循环次数/次	2 000	3 500	>10 000
效率	0.8	0.9	0.7
充放电深度	0.5	0.8	0.9
优势	价格低	能量密度高，功率特性好，占地少	循环寿命长
劣势	能量密度低，不能深度充放电	成本较高，大规模应用的安全性有待实证检验	成本高，占地面积大

2）电池架

12号楼社区中心工程采用 4P160S 系统，512 V 200 Ah 磷酸铁锂电池串并联组成额定容量为 204 kWh 的标准电池模组，并联接入直流配电房光储一体机。储能电池尺寸为 800 mm×1 000 mm×2 260 mm（图3-35）。

3）电池管理系统

储能系统的电池管理系统（Battery Management System，BMS）由电池管理单元（Battery Management Unit，BMU）、电池簇管理单元（Battery Cluster Management Unit，BCMU）、电池堆管理系统（Battery Array Management System，BAMS）及显示、监控上位机等组成。BMS是用于监测、评估及保护电池运行状态的电子设备集合，主要

图 3-35　户外储能电池实景图

功能包括：监测并传递锂离子电池、电池组及电池系统单元的运行状态信息，如电池电压、电流、温度以及保护量等；评估计算电池的荷电状态（State of Charge，SOC）、寿命健康状态（State of Health，SOH）及电池累计处理能量等；保护电池安全等。BMS 主要保护类型有：SOC 过高保护、SOC 过低保护、电池簇过压保护、电池簇欠压保护、电池簇过流保护、单体电池过压保护、单体电池欠压保护、单体电池过流保护、单体电池过温保护、单体电池低温保护、短路保护、火警保护。

　　BMS 有一整套严谨的监测与保护方案。位于最底层的 BMU 会实时采集下辖单体电池的单体电压、温度，自检自身电压采集电路与均衡电路是否正常，并将以上的采集信息与自检状态打包通过控制器局域网总线（Controller Area Network，CAN）线上报给上级管理设备 BCMU。

　　BCMU 收集到 CAN 线上传来的 BMU 的数据后，首先进行汇总，将单体电压、单体温度、总电压、总电流、母线总电压、母线总电流、绝缘阻值等信息分类通过网口上报给更上层的 BAMS。然后进行安全巡检，将这些数据分别与设定的阈值进行对比（阈值可由用户自由设定），如果有数据值超出了预设的阈值，BCMU 会置位相应的告警保护状态字，并且将该告警保护状态字上报给上层 BAMS 进行仲裁，等待上级 BAMS 下发相应保护命令，如果上级 BAMS 超时仍没有命令下发，BCMU 会自行进行跳闸隔离保护。

BAMS 从网口收集下辖所有 BCMU 上报上来的储能系统信息，并将所有的单体电压、温度、各簇总电流、各簇总电压等信息分类梳理，通过网口上报给能量管理系统（Energy Management Systerm，EMS）和本地触摸屏。如果接收到下级 BCMU 上报的告警保护状态字，BAMS 会进行仲裁判定 BMS 系统配置（图 3-36）。

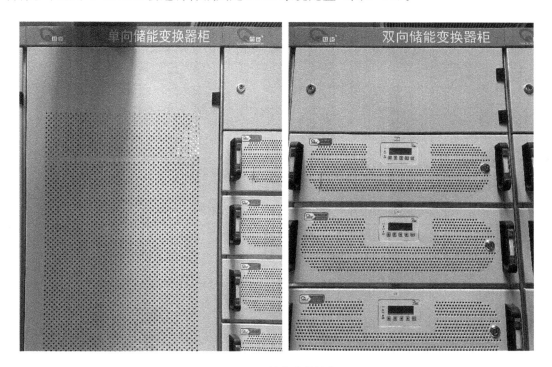

图 3-36　储能变换器柜

4. 光储一体机

光伏储能一体化能量转换装置（简称光储一体机）是一种应用于光伏、储能联合发电系统中实现直流/交流电能转换的设备，采用电力电子控制技术，可以协调控制光伏与储能电池的出力，平抑光伏电池的功率波动，并通过储能变流技术输出满足标准要求的交流电能向负载供电。光储一体机具有工作模式动态可调，并、离网模式切换，光伏能量最大功率跟踪，以及对储能蓄电池精细管理等功能和特点。

12 号楼社区中心项目采用光伏和储能各自通过 DC/DC 共直流母线汇集的方式，控制灵活，稳定性高，不仅可以实现光伏的最大功率点跟踪（Maximum Power Point Tracking，MPPT）控制，还可以适应不同类型的储能，充分发挥储能的调节范围，优化储能的充放电控制，提高能量的利用率。

光储一体化发电系统拓扑如图 3-37 所示，系统可分为 DC/DC 变换侧、DC/AC 变换侧以及直流母线三部分。其中，DC/DC 变换侧由三条独立支路组成，各支路均采用非隔离型双向 DC/DC 变换拓扑，可直接与光伏、储能单元相连并且根据需求进行恒压/恒流控制；DC/AC 变换侧采用两电平三相半桥拓扑结构，在系统并网运行时交流侧与电网相连 DC/AC 进行功率控制，系统离网运行时进行恒压恒频控制，为负荷提供稳定的交流电源。光储一体化发电系统 DC/DC 变换高压侧与 DC/AC 变换侧通过直流母线相连，直流母线电压的稳定性直接影响系统的稳定性（表 3-7、图 3-38）。

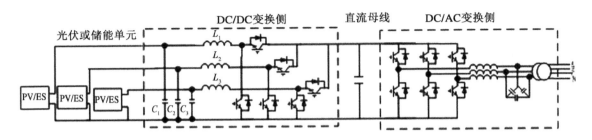

图 3-37　光储一体化发电系统

表 3-7　光储一体机技术参数表

名称		参数
光伏输入（直流）	启动电压	250 V
	直流电压范围	120～850 V
	MPPT 工作电压范围/额定电压	550～750 V/750 V
	最大输入电流	30 A
	最大直流电压	850 V
储能输入（直流）	电池电压范围	120～850 V
	最大充电电压	850 V
	最大充放电电流	40 A
	最大充放电功率	40 kW
	电池类型	锂电池/铅酸电池
	放电深度	80%DOD/50%DOD
输出（直流）	额定输出功率	200 kW
	最大输出功率	200 kW
	最大输出电流	40 A
	输出电压范围	550～750 V

图 3-38 光伏变换器柜

5. 能量管理系统

微电网能量管理系统通过接入微电网运行监控系统，实现对储能变换器（Power Conversion Systerm，PCS）与 BMS、保护和计量设备的通信及数据采集，实现对微电网所有设备的管理。通过全景信息的智能监控，形成数据链大数据，通过拟合人工智能，实现负荷、新能源发电、电动汽车用能、智慧储能调节、社会整体用能的预测和分析，调节整个用能体系的正常运行。

1）微电网能量管理系统功能

微电网能量管理系统具有以下服务功能：数据采集、数据存储、图形界面、报表、系统管理、权限管理、告警、计算、系统安全与接口等。

2）微电网能量管理系统监控

（1）微电网能量管理系统总体监控

全局概览图以系统接线图的形式表现微电网逻辑关系，实时动态显示各监测设备的运行状态和关键参数、开关状态、报警信息。

微电网能量管理系统中实时显示配电接入侧的电力状态，包括电压、电流、功率、相位、频率、潮流等信息；实时显示系统中的回路节点电压、回路电流、开关及其状态，并反映潮流方向的系统逻辑关系图；实时显示发电设备（光伏）、PCS、储能系统、测量单元、保护单元、负荷等设备的关键运行参数，以及运行状态。对于开关变位（断开或闭合），以不同状态标识；对于可遥控开关，在进行操作时，必须先进行反送校核，确认正确后，执行开闭的动作；对于设备的实时运行，在参数超出设定值以及设备故障时进行自动报警提示（图 3-39）。

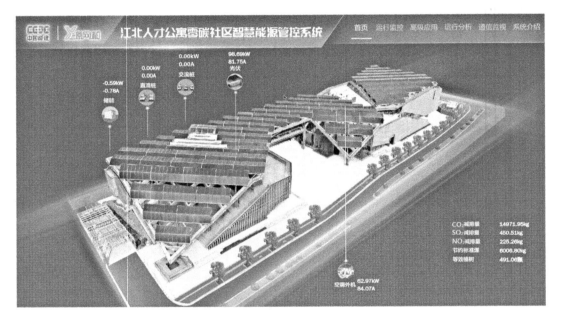

图 3-39　江北人才公寓零碳社区智慧能源管控系统主界面

（2）光伏系统运行监控

光伏系统运行监控对太阳能光伏发电的实时运行信息、报警信息进行全面的监视，并对光伏发电进行多方面的统计和分析，实现对光伏发电的全方面掌控。

光伏系统运行监控可以显示下列信息：

① 可查看每台光伏逆变器的运行参数，主要包括：直流电压、直流电流、直流功率、交流电压、交流电流、逆变器机内温度、功率因数、当前发电功率、日发电量、累计发电量等。

② 监控每台逆变器的运行状态，提示设备出现故障告警，可查看故障原因及故障时间，监控的故障信息主要包括以下内容：电网电压过高、电网电压过低、电网频率过高、电网频率过低、直流电压过高、直流电压过低、逆变器过载、逆变器过热、逆变器短路、逆变器孤岛、数字信号处理（Digital Signal Processing，DSP）故障、通信失败等。

③ 可实时对并网点电能质量进行监测和分析。

④ 最短每隔 5 min 存储一次光伏重要运行数据。

⑤ 实时存储故障数据（图 3-40）。

图 3-40　光伏系统运行监控

（3）储能系统运行监控

储能系统运行监控对储能电池的实时运行信息、报警信息进行全面的监视，并对储能进行多方面的统计和分析，实现对储能的全方面掌控。储能系统运行监控可以显示下列信息：

① 可实时显示储能的当前可放电量、可充电量、最大放电功率、当前放电功率、可放电时间、今日总充电量、今日总放电量。

② 遥信：能遥信交直流双向变流器的运行状态、告警信息。其中保护信号包括：低电压保护、过电压保护、缺相保护、低频率保护、过频率保护、过电流保护、器件异常保护、电池组异常工况保护、过温保护。

③ 遥测：能遥测交直流双向变流器的电池电压、电池充放电电流、交流电压、输入输出功率等。

④ 遥调：能对电池充放电时间、充放电电流、电池保护电压进行遥调，实现远端对交直流双向变流器相关参数的调节。

⑤ 遥控：能对交直流双向变流器进行远端的遥控电池充电，遥控电池放电的功能（图 3-41）。

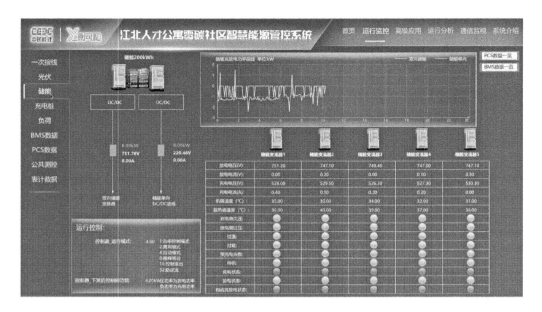

图 3-41 储能系统运行监控

（4）充电桩系统运行监控

充电桩系统运行监控可显示充电桩实时运行数据和告警信息，具备如下功能：对充电桩运行重要数据进行阈值设定，具备越限告警提示功能；能够对充电桩保护信息（过压、欠压、过负荷等）进行告警提示；可以对充电桩状态变位、输出电压、电流越限、充电桩过压、充电桩欠压、充电桩过负荷等事件按时间、类型等分类显示，并给出相应的告警信息、主动保护信息（图 3-42）。

图 3-42 充电桩运行监控

3）微电网能量优化调度

（1）微电网孤岛模式运行稳定控制功能

微电网有功与无功平衡控制逻辑如表 3-8 所示。

表 3-8 微电网有功与无功平衡控制逻辑

步骤	描述	备注
1	系统可分别以储能电池作为主电源，提供电压与频率基准	控制要求： 要求控制系统具有稳定的 PCS 协调控制、暂态故障保护控制、动态切机减载控制，保证微电网母线的电能质量应符合以下国家标准： GB/T 12325—2008《电能质量　供电电压偏差》 GB/T 12326—2008《电能质量　电压波动和闪变》 GB/T 15543—2008《电能质量　三相电压不平衡》 GB/T 15945—2008《电能质量　电力系统频率偏差》 GB/T 14549—1993《电能质量　公用电网谐波》
2	小干扰情况下，微电网控制系统协调储能出力，保证系统稳定	
3	大干扰情况下，通过调节微电网内储能的输出，并在必要时进行"切机"或"减载"操作，保证微电网内的有功与无功平衡	
4	故障情况下，继电保护及时、可靠动作	

（2）微电网孤岛模式转停运模式控制功能

微电网孤岛模式转停运模式时的控制逻辑如表 3-9 所示。

表 3-9 微电网孤岛转停运模式时的控制逻辑

步骤	描述
1	微电网内的电流源逐个退出运行，并在保证功率平衡的情况下逐一切除负荷
2	微电网的主电源退出运行

（3）微电网停运模式转孤岛模式（即黑启动）控制功能

微电网进行黑启动的控制逻辑如表 3-10 所示。

表 3-10 微电网进行黑启动的控制逻辑

步骤	描述
1	系统可分别以 PCS 作为主电源，提供系统参考电压和频率
2	恢复重要负荷供电，其他分布式电源与负荷在保持功率平衡的情况下依次并入系统。若微电网内分布式电源已达到最大输出功率，无法再容纳更多负荷，则黑启动完成，微电网进入孤岛运行模式

4）微电网能量管理系统工作模式

微电网能量管理系统具备多种不同的控制模式，可根据实际情况灵活自动切换各种模式。

（1）经济运行模式

在经济运行模式下系统将光伏电量优先供应负载，储能则根据负载强弱自动调节输出功率，若光伏电量及储能电量不够，则从电网补充（图 3-43）。

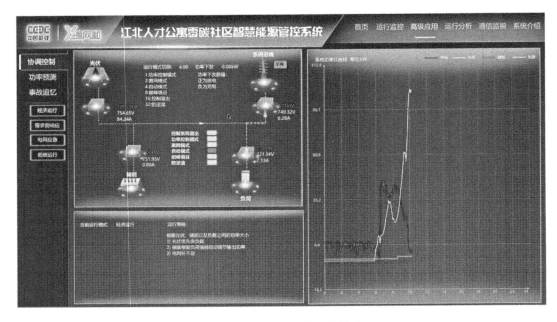

图 3-43 微电网经济运行模式

（2）需求侧响应模式

需求侧响应模式负载根据电力市场价格或激励措施，暂时改变用电行为，在电价明显升高或系统安全可靠存在风险时，减少用电，在电价明显降低时增加用电，从而促进电力供需平衡（图 3-44）。

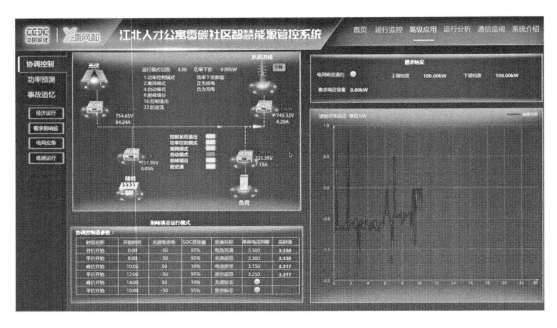

图 3-44 微电网需求侧响应模式

（3）电网应急模式

电网应急模式在离网状态下运行，协调控制系统（Coordinated Control Systerm，CCS）将 PCS 交流进行开关遥控分闸，并将 PCS 设置于电压带控制模式，光伏功率开启最大值（图 3-45）。

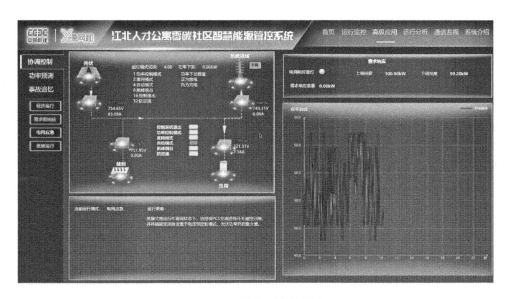

图 3-45 微电网应急模式

（4）低碳运行模式

低碳运行模式控制光伏功率，使直流侧功率可逆变至 13 号楼商业建筑的配电间，但不可送至电网（图 3-46）。

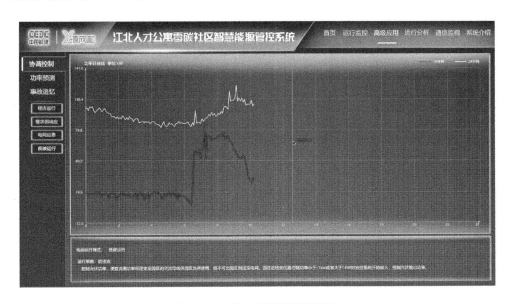

图 3-46 微电网低碳运行模式

5）微电网能量管理系统展示与交互

（1）系统展示

基于实时监控、平面展示技术，通过大屏发布，实现对微电网能量管理系统相关数据信息进行整合与分析，根据设定的场景化应用进行部署，满足各类参观者需求。

（2）系统交互

系统可与园区管理系统进行数据交互，系统具备如下方式数据接口：规约交互、文件交互、数据库交互（图 3-47）。

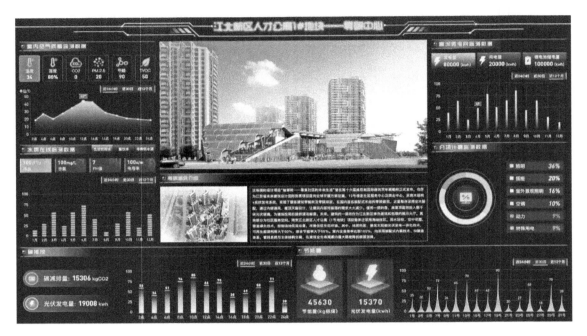

图 3-47　江北新区人才公寓项目管理系统交互展示页面

3.4　高效机电系统

3.4.1　直流变制冷剂流量（VRF）空调系统

1）冷热源

12 号楼社区中心项目冷热源采用变制冷剂流量（Variable Refrigerant Flow，VRF）多联式空调系统，接入直流供配电系统，直接使用光伏所发直流电。多联机室外机组设置于 1、2 层设备平台，其他需 24 h 使用的房间或设备用房等设独立分体空调（表 3-11）。

表 3-11　直流供电多联机室外机设备参数

序号	参考型号	制冷量/kW	制热量/kW	制冷功率/kW	制热功率/kW	电源	制冷工质	噪声/dB(A)	单位	数量
1	36HP	1 005	1 125	30.60	2 730	750 V 直流	R410A	64	台	1
2	36HP	1 005	1 125	30.60	2 730	750 V 直流	R410A	64	台	1
3	22HP	61.5	69.0	18.65	17.0	750 V 直流	R410A	65	台	1
4	10HP	28.0	315	845	8.0	750 V 直流	R410A	65	合	1

2) 末端设备

12 号楼社区中心多联机室内机采用 48 V 直流与 220 V 交流两种类型，包括薄型风管式和四面出风天井式等类型（表 3-12、表 3-13）。

表 3-12　直流供电多联机室内机设备参数（1 层）

序号	风机形式	参考型号	制冷量/kW	制热量/kW	额定功率/kW	电源	制冷工质	噪声/dB(A)	机外静压/Pa	单位	数量
1	薄型风管式	F50	5.0	5.6	0.09	48 V 直流	R410A	40	60	台	20
2	四面出风天井式	F36	3.6	4.0	0.025	48 V 直流	R410A	30	30	台	2
3	四面出风天井式	F90	9.0	10.0	0.08	48 V 直流	R410A	39	30	台	3

表 3-13　交流供电多联机室内机设备参数（2～3 层）

序号	风机形式	参考型号	制冷量/kW	制热量/kW	额定功率/kW	电源	制冷工质	噪声/dB(A)	机外静压/Pa	单位	数量
1	薄型风管式	F22	22	25	0.025	220-1-50	R410A	30	30	台	1
2	薄型风管式	F45	45	50	0.035	220-1-50	R410A	33	30	台	2
3	薄型风管式	F56	56	63	0.045	220-1-50	R410A	35	30	台	13
4	薄型风管式	F71	71	80	0.050	220-1-50	R410A	37	30	台	10
5	四面出风天井式	F36	36	40	0.025	220-1-50	R410A	30	—	台	3
6	四面出风天井式	F56	56	63	0.038	220-1-50	R410A	36	—	台	1

3) 系统控制

VRF 控制系统接入建筑能量管理系统，除 VRF 系统自控外，通过建筑能量管理系统可实现自动运行模式设置和远程控制。

3.4.2 全热回收新风系统

随着建筑围护结构保温性能的提升，建筑新风负荷在能耗中的份额逐步提升，如何处理建筑的新风对于低碳建筑目标的实现至关重要。12 号楼社区中心项目采用全热回收新风机组对排放的冷热量进行回收。设计方案如下：

1）设备情况

全热回收新风机组的热回收焓效率可达 65% 以上。12 号楼社区中心项目共 3 层，每层设置一台全热回收新风机组，新风量分别为 2 000、1 500、600 m³/h，具体参数如表 3-14 所示，新风机组图如图 3-48 所示。

表 3-14 全热回收新风机组设备参数

序号	设备类型	台数	能量形式	风量 / (m³/h)	功率 /kW	热回收效率 /%	PM_{2.5} 去除率/%
1	全热交换器	1	全热	2 000	1.02	62	95
2	全热交换器	1	全热	1 500	0.785	66	95
3	全热交换器	1	全热	600	0.195	60	95

图 3-48 新风机组图

新风系统设置除霾装置，对室外空气进行有效过滤，PM_{2.5} 去除效率达到 95%，可以满足健康建筑的室内环境要求。

2）系统控制

新风机组纳入建筑能源管理系统，并与室内空气监测系统实现联动，该系统对 CO_2、$PM_{2.5}$ 等室内污染物进行实时监测。

新风机的启停根据设置在各末端室内的 CO_2 传感器所收集数据进行控制（表 3-15）。当各末端室内 CO_2 监测数据至少有一个超标（1 000 ppm）时，开启新风机组；当监测数据均低于限值（如 600 ppm），关闭新风机组。

表 3-15　传感器参数

设备名称	单位	数量	型号
温湿度探测器	只	3	YK-THI
CO_2 探测器	只	5	YK-CDW
$PM_{2.5}$ 探测器	只	1	YK-CPW
PM_{10} 探测器	只	3	YK-CJW

3.4.3　吊扇通风

研究表明，人体不宜常期处于恒温状态，适当热应激有利于健康。30 ℃以下辅助低风速的气流，可以显著改善热环境舒适度。

因此，12 号楼社区中心项目在部分房间中设置了吊扇，以在过渡季代替空调设备，为建筑使用者提供更为健康自然的热环境，同时也积极倡导了一种绿色低碳的生活态度（图 3-49、图 3-50）。

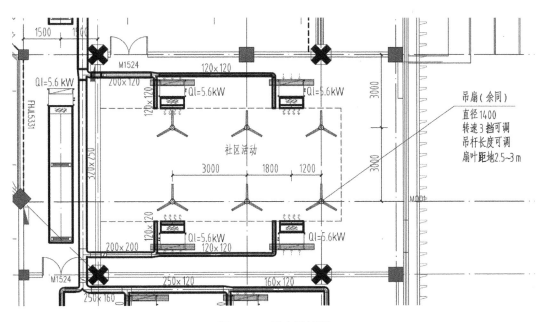

图 3-49　吊扇设计图

图 3-50　吊扇通风实景图

3.4.4　节能照明系统

12 号楼社区中心项目 100％使用 LED 照明，灯具功率因数均要求大于 0.9，镇流器的能效要求符合国家能效标准的节能评价值。此外，12 号楼社区中心项目大面积照明场所的灯具效率要求不低于 70％。

1. 节能灯具

12 号楼社区中心项目根据室内功能对公共区域照明系统采取专项设计，其中展示厅采用 LED 格栅射灯，通过营造主次氛围满足展品重点照明需求。同时为满足节能目标要求，射灯功率密度设计值为 7.51 W/m²，照度稳定在 300 lx 以上，照明功率密度值均满足现行国家标准《建筑照明设计标准》（GB 50034—2013）中的目标值要求。公共走道区域结合自然照明采用低功率的节能型荧光灯（表 3-16、表 3-17）。

表 3-16　主要功能空间照明指标

主要房间或场所	照明功率密度/（W/m²）		对应照度值/lx		光源类型	光源功率/W	光通量/lm	色温/K	一般显色指数 Ra	灯具效率/%
	标准值	设计值	标准值	设计值						
公共走道	≤2.0	1.8	50	52	LED	1×6	510	4 000	80	75
物业、办公室	≤8.0	7.8	300	310	LED	42	2 800	4 000	80	75
展示厅	≤9.0	9.0	300	300	LED	54	3 900	4 000	80	75
卫生间	≤3.0	2.7	75	76	LED	1×8	530	4 000	80	75
走廊	≤2.0	1.8	50	48	LED	1×13	1 300	4 000	80	75
机房	≤4.0	3.2	100	101	LED	1×18	1 800	4 000	80	75

表 3-17　主要功能空间使用的灯具

序号	空间名称	使用灯具
1	社区办公大厅	明射灯
2	会议室	嵌入式筒灯、明装筒灯
3	社区活动	嵌入式筒灯、明装筒灯
4	办公、物业	吊线支架灯

2. 智能照明控制系统

12号楼社区中心项目设置了智能照明控制系统，通过照度传感器感受自然采光，实现对灯具照度调控。在保证舒适稳定的采光环境的同时，实现充分的节能。

项目采用基于总线技术的智能照明控制系统，系统通过专用网际互联协议（Internet Protocol，IP）网关接入设备网，实现集中管理并接入管理平台。该系统可实现多种场景控制和时间表控制，实现自动化运行，并支持远程/就地控制。智能照明控制系统主要由系统 IP 网关、电源模块、多回路智能照明控制器（10 A/16 A 开关模块）、就地场景控制面板组成。在弱电间设置 IP 网关和电源模块，壁挂箱安装。多回路智能照明控制器安装于照明配电箱内，标准导轨安装，照明回路划分以电气设计为准。智能照明控制系统包含消防报警联动模块，当发生火灾时，由消防报警系统强制点亮应急照明，智能照明控制系统不得干预消防动作。

3.5　低碳结构及材料应用

3.5.1　装配式木结构

中国传统木结构凝结了古代的科技智慧，展现了中国工匠的精湛技艺，体现了"天人合一"的思想，延承几千年，遍及东亚各国，是东方古代建筑的杰出代表。与西方古建筑相比，中国古建筑偏爱木材，几千年来一直如此。把实用与美观结合起来，以优美的轮廓和多姿的形式引人注意，令人赞赏。随着木结构在国内的快速发展，以欧洲、北美、俄罗斯、日本等风格为主的木结构建筑迅速涌入中国，极大地冲击着国人的视觉。

12号楼社区中心底部采用混凝土结构，上部采用木结构，结构稳定且利于防潮。上部木结构形式受树木启发，采用当代工程木材料和新的连接方式，将木结构的形态"再还原"成树木枝干。所支撑的太阳能光伏屋架意向为"树冠"，既体现了结构与自然材料的特点，又为置身于建筑内部的人们营造出一种仿佛身处森林之中的空间意向，以冀为社区生活提供一片体味自然的天地（图3-51）。

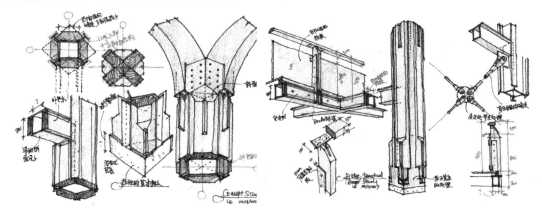

图 3-51　木结构设计手稿

依托木结构体系的先天优势，12号楼社区中心项目主体结构采用预制装配式技术，整体预制装配率达到89%以上。根据相关研究表明，木结构建筑相比传统的钢筋混凝土结构建筑能显著降低建材生产阶段的碳排放。据统计，12号楼社区中心项目木材用量共1 408.50 m³，钢用量仅80.58 t，混凝土用量55.60 t，建材生产阶段的碳排放折合单位建筑面积为372.91 $kgCO_2/m^2$（详见附录一）。12号楼社区中心项目主要预制装配技术如表3-18所示。

表 3-18　装配式技术配置情况

系统分类	技术配置选项
竖向构件	木柱
	木支撑
水平构件	木梁
	木楼面、屋面
装配式外围护构件	玻璃幕墙
装配式内隔墙	木隔断墙
装配式内装	成品栏杆
	土建装修一体化设计

3.5.2 低碳建材应用

1. OSB 定向刨花板

为充分体现废弃物的循环利用，减少建筑材料的碳足迹，在 12 号楼社区中心项目外墙构造中采用了 OSB 定向刨花板。这是一种人造合成木料，膨胀系数小、不变形、稳定性好，材质均匀，耐久性、防潮性能均优于普通刨花板。

2. 竹木地板

12 号楼社区中心室内地面地板采用竹木复合材料，以速生的竹材代替生长缓慢的硬木材料，从源头减少对生态的影响（图 3-52）。

图 3-52　竹木地板

3.6　水资源综合利用设计

3.6.1　中水回用系统

12 号楼社区中心项目采用场地雨水收集的方式实现水资源的循环利用，地表径流经透水铺装、雨水花园、生态水池及环保雨水口等措施处理净化后进入室外雨水管网。地块雨水集中后排入北侧地下雨水收集池，处理后用于水体补水、绿化及道路浇灌，多余雨水排至地块北侧珍珠南路市政雨水管网。

3.6.2　系统节水

公共建筑用水大部分集中在卫生用水和饮用水两部分，其中卫生用水占比较大。12 号楼社区中心项目利用中水回收冲厕，并在用水末端设置节水卫浴器具（图 3-53）。

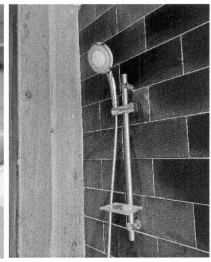

图 3-53　节水卫浴器具

3.6.3　太阳能热水供应

12 号楼社区中心项目二层淋浴间设置集中热水系统，采用全日制强制循环装置直接加热太阳能热水系统，并配置三台电热水炉作为辅热。太阳能集热板结合屋面进行一体化设计安装（图 3-54）。

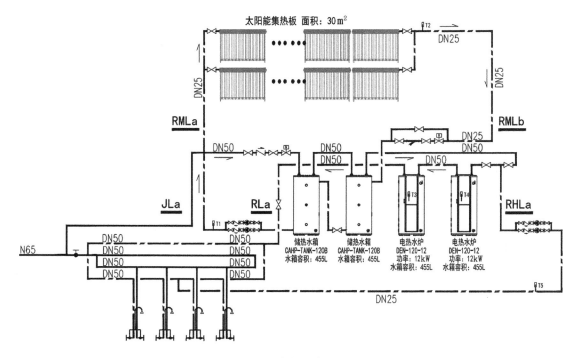

图 3-54　热水系统示意图

3.7 室内环境与健康

3.7.1 隔声降噪

1. 围护结构隔声

参照国家标准《木骨架组合墙体技术标准》（GB/T 50361—2018），12 号楼社区中心外墙和隔墙采用双面双层板，内填 140 mm 厚玻璃棉的构造；楼板采用双面双层板，内填 120 mm 厚玻璃棉的构造，隔声性能良好。

表 3-19 围护结构空气隔声性能

围护结构	构造	空气隔声性能
外墙	3 mm 厚粉刷喷涂层＋双层 15 mm 厚硅酸钙板＋25 mm×38 mm 木龙骨@406 纵向铺设＋防水透气纸＋15 mm 厚 OSB 定向刨花板＋38 mm×90 mm 墙骨@≤406 木龙骨（内填 140 mm 厚玻璃棉）＋双层 12 mm 厚防火石膏板＋内墙涂料	隔声级别达到 1 级，隔声量大于 55 dB
隔墙	内墙涂料＋双层 12 mm 厚防火石膏板＋双排 38 mm×90 mm 墙骨@406 交错排列在 38 mm×140 mm 的底梁板上（内填 140 mm 厚玻璃棉）＋双层 12 mm 厚防火石膏板＋内墙涂料	
楼板	竹木复合地板＋3 mm 厚橡胶衬垫＋38 mm 厚水泥砂浆＋9 mm 厚减震垫＋18 mm 厚 OSB 定向刨花板＋木格栅层（内填 120 mm 厚玻璃棉）＋金属吊顶龙骨＋双层 15 mm 厚防火石膏板	隔声级别达到 2 级，隔声量大于 50 dB

2. 同层排水

12 号楼社区中心项目卫生间均采用墙排式同层排水，下沉楼板降板高度按 280 mm 设计，回填层所用管道及配件性能符合抗压、抗老化、韧性好的要求。通过同层排水设计，卫生间排水管不穿越楼层，可以有效减小排水噪声对下层空间的影响。

3.7.2 直饮水系统

12 号楼社区中心项目每层均设有茶水间，其内设有直饮水机供用户使用。直饮水机采用前置过滤器＋末端直饮净水机，直饮水管采用薄壁不锈钢管、镀锌钢管内衬不锈钢复合管。水质在线实时监测浊度、余氯、pH、电导率等参数，超标时自动报警。

3.7.3 健身空间

1. 室内健身空间

12 号楼社区中心二层设置有室内健身房，同时配备了淋浴间。在提供室内共享健身场地的同时，也提供了人性化的配套服务。

2. 室外健身空间

12 号楼社区中心项目属于住宅小区配套的社区中心，小区内一共设置 3 块室外健身场地，分布于6号楼南侧、11号楼南侧以及5号楼东侧，总面积为790 m²。同时，小区还设置了环线健身步道，跑道总长度为760 m（图3-55）。

图3-55 现场平面航拍图

3.8 智能化运维

3.8.1 能耗监测

12号楼社区中心项目设有建筑能耗监测系统，用于能耗分项计量与统计分析。能耗监测系统通过计量装置、采集器将建筑实时能耗数据采集并保存在数据库中，以便随时查询各分项能耗总体情况。此外，能耗监测系统能够自动对能耗数据进行统计分析，生成逐时、逐日、逐月和逐年的统计图表和文本报表，管理人员根据以上报表能够分析能源管理过程中存在的问题，制定能源分配策略，减少能源使用过程中的浪费，达到节能降耗的目的。

1. 分项计量

能耗监测系统对分类、分项能耗数据进行实时采集，并实时上传至一级数据中心。计量装置具有数据通信功能。12号楼社区中心项目总计安装计量电表46块，对项目直流用电末端及交流用电末端均实现分项计量与管理（表3-20、表3-21）。

表 3-20　项目计量表具汇总

分项	计量明细	分项	计量明细
照明及插座用电	• 交流、直流插座用电 • 交流、直流照明用电 • 应急照明用电	动力用电	• 排烟风机 • 排风机 • 电梯
空调用电	• 直流空调室外机 • 直流空调风机盘管 • 全热交换器	其他	• 大屏幕 • 交流充电桩
生活热水用电	• 热水炉		

表 3-21　项目计量电表汇总表

序号	计量区域名称	序号	计量区域名称
1	1 层门厅交流插座	24	2 层社区活动室直流插座
2	1 层值班室交流插座	25	2 层会议室直流插座
3	排烟风机	26	2 层社区活动室交流插座
4	应急照明	27	2 层会议室交流插座
5	交流总用电	28	2 层淋浴房交流插座
6	1 层广电机房插座、电梯、全热交换器、排风机、交流充电桩	29	2 层社区健身房交流插座
7	1 层广电机房插座、电梯、热水炉	30	3 层卫生间、茶水吧直流照明
8	1 层大屏幕	31	3 层公共区域直流照明
9	1 层卫生间、茶水吧、新风机房直流照明	32	3 层物业管理直流照明
10	1 层休息区直流照明	33	3 层物业办公 1 室直流照明
11	1 层公共区域直流照明 1	34	3 层物业办公 2 室直流照明
12	1 层公共区域直流照明 2	35	3 层物业办公 3 室直流照明
13	1 层社区办公大厅直流插座	36	3 层物业办公 4 室直流照明
14	1 层休息区直流插座	37	3 层物业管理直流插座
15	1 层值班室直流插座	38	3 层物业办公 1 室直流插座
16	1 层过道、门厅、办公大厅中部直流空调室内机	39	3 层物业办公 2 室直流插座
17	1 层光伏配电间、讲台、办公大厅南向直流空调室内机	40	3 层物业办公 3 室直流插座
18	2 层卫生间、茶水吧直流照明	41	3 层物业办公 4 室直流插座
19	2 层社区健身房、淋浴间、新风机房直流照明	42	3 层物业管理交流插座
20	2 层公共区域直流照明	43	3 层物业办公 1 室交流插座
21	2 层社区活动区直流照明	44	3 层物业办公 2 室交流插座
22	2 层会议室直流照明	45	3 层物业办公 3 室交流插座
23	2 层社区健身房直流插座	46	3 层物业办公 4 室交流插座

2. 能源管理平台

能源管理平台集中展示在线监测数据，并辅助能耗分析，协助管理者全面掌握用能情况，挖掘能效提升空间（图3-56）。

（a）

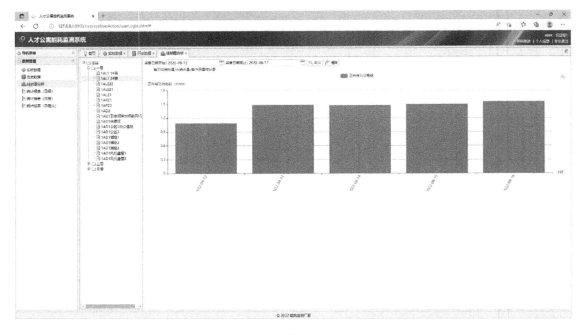

（b）

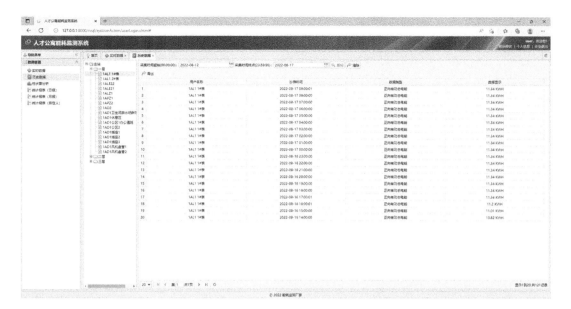

（c）

（d）

图 3-56　能源管理系统图

3.8.2　室内空气质量监测

12 号楼社区中心项目设有空气质量监控主机，具备实时监测显示、统计、存储、分析和报警等功能。空气质量控制器设置于各机械通风设备的电气控制箱内，通过局部操作网络（Local Operating Network，LonWorks）现场总线接入主机。

传感器设置于主要功能空间内，监测的参数包括 $PM_{2.5}$、PM_{10}、CO_2 和温湿度，控制器实时接收传感器信号并自动控制通风设备。

此外，项目在一层大厅设置智能化显示屏，可实时发布室内空气质量。

3.9 零碳核算

依据国家《建筑碳排放计算标准》（GB/T 51366—2019），12 号楼社区中心项目全生命周期碳排放计算数据如表 3-22、图 3-57 所示（详细碳排放计算见附录）。

表 3-22　建筑全生命周期碳排放计算结果

项目	碳排放/（$kgCO_2/m^2$）	全生命周期占比/%
建材生产阶段	373.16	20.63
建材运输阶段	56.36	3.12
建造施工阶段	44.95	2.49
建筑使用阶段	1 275.30	70.51
建筑拆除阶段	58.82	3.25
碳排放量	1 808.59 $kgCO_2/m^2$	
减碳量	2 803.62 $kgCO_2/m^2$	
全生命周期碳排放总计	<0 $kgCO_2/m^2$	

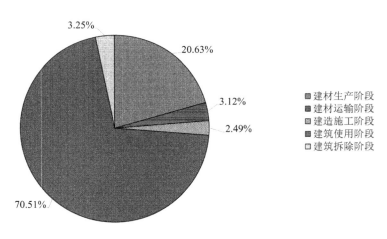

图 3-57　建筑全生命周期碳排放

根据上述碳排放计算结果，该建筑碳排放量为 1 808.59 $kgCO_2/m^2$，太阳能光伏可实现 2 803.62 $kgCO_2/m^2$ 的减碳效果，总计全生命周期碳排放量小于 0，可判定整体满足全生命周期零碳排放的性能指标。

第四章 "下一代"居所——未来住宅

4.1 项目概况

1. 项目基本情况

3号楼未来住宅项目作为"绿色智慧建筑（新一代房屋）研究与示范"课题（该课题获2022年度华夏建设科学技术一等奖）的示范载体工程，整体以中高层人才公共租赁住房为定位，以坚持人与自然和谐共生为理念，旨在打造绿色低碳、百年耐久、动态更新、智慧宜居的高品质居住综合体。项目按照百年住宅标准进行设计，应用了SI建筑通用技术体系和装配式装修技术，实现主体结构、机电管线、内装相互分离。整体采用成品房交付，精装修率达100%，同时达到绿色建筑三星级、健康建筑三星级等性能指标。

3号楼未来住宅项目将不同定位的住宅公寓、空中园林、共享健身、共享办公、商业服务、养老服务在开放性的垂直空间中予以植入，在垂直空间中实现功能复合和多样性。建筑为地下2层，地上28层，建筑总高度96.75m，建筑面积2.4万m²。其中分为高低两大区域：1～6层为共享空间，设置了丰富的公共服务业态、创客及展示空间，为居住者提供各类公共服务和休憩空间，通过开展国际竞赛的方式，采用了众创模式进行设计；7～28层为多变住宅空间，包含60～200m²各面积段的多种户型，并设有层高6.6m的空中花园，为不同需求的人群提供多样化的居住空间（图4-1～图4-4）。

3号楼未来住宅项目针对入住人群多元化与流动性的特征，希望成为一个集居住、办公、休闲、娱乐为一体的健康生活综合体。项目1层设置超市、干洗店、冷链、快递收发、简餐等；2层设有健康咨询室、医疗体检室、共享健身房等；3层、4层设有未来技术展厅、未来住宅体验展示区、会议室等；5层、6层设有创客空间、共享交流区、自习室等。项目提供丰富的公共服务设施与生活设施，赋予居住空间更多的可能性，并为后续公共空间的变化延伸提供条件。

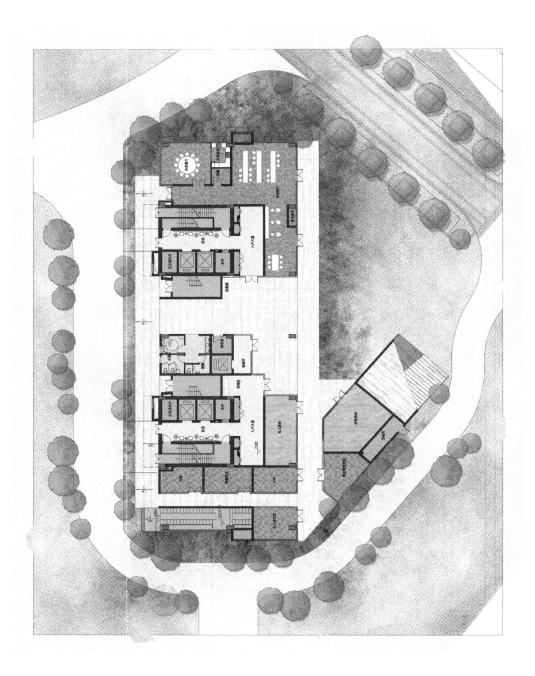

图 4-1 3 号楼未来住宅 1 层共享空间平面示意图

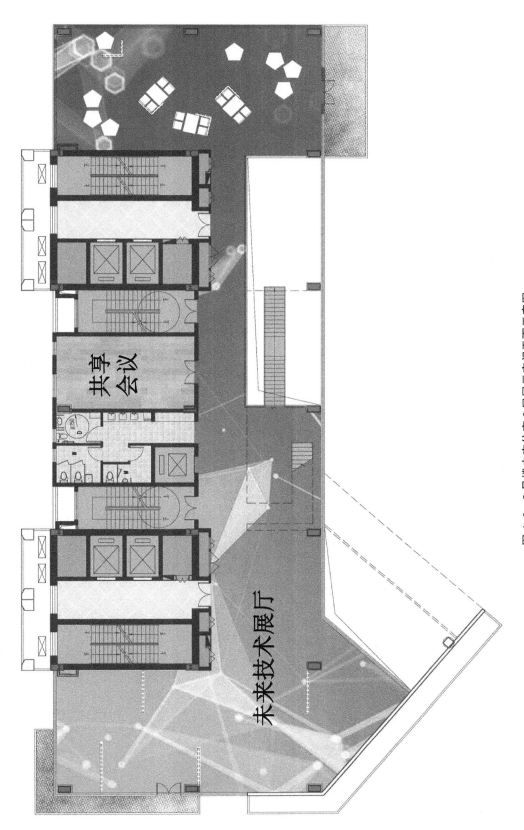

共享
会议

未来技术展厅

图4-2 3号楼未来住宅3层展示空间平面示意图

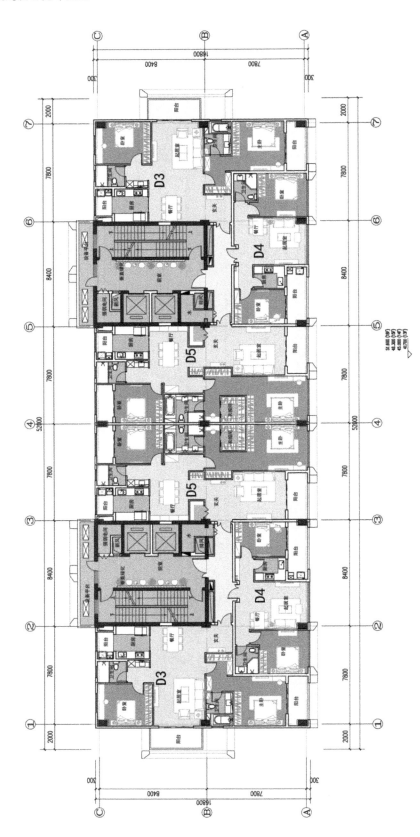

图 4-3　3 号楼未来住宅 13~16 层标准层平面示意图

图4-4 3号楼未来住宅建筑实景图

4.2 项目设计理念

1. 绿色

3号楼未来住宅项目突破传统的住宅园林景观手法，通过两层通高立体花园、空中廊道等设计，将绿色带入垂直空间。

项目以75%节能率为设计指标，从建筑表皮出发，综合考虑围护结构热工体系、自然通风、自然采光、夏季遮阳等多方面因素，优化建筑被动式设计。采用高效的暖通空调系统、建筑照明系统、生活热水系统，结合可再生能源建筑应用技术，实现建筑的低能耗运行。

项目主体结构以钢结构为主，与装配式建造方式可以天然结合，整体预制装配率超过80%。项目按照标准化、模块化思路进行设计，充分应用预制外挂墙板、楼梯板、标准化玻璃纤维增强混凝土（Glass Fiber Reiforced Concrete，GRC）模块构件、集成化厨卫等预制构件，并采用主体、管线与内装分离的技术体系。采用装配式建造方式，可以减少建筑的隐含碳排放，并降低施工现场的能耗和污染。

2. 健康

3 号楼未来住宅项目采用了温湿度独立控制新风系统，在保证新鲜空气供应与室内热舒适的同时，隔绝室外雾霾天气对室内环境的影响；设置户式直饮水系统并采用高品质管材，结合水质监测装置，解决生活饮用水水质问题；优化户间隔墙和架空楼板隔声设计，改善居住声环境；采用满足光生物安全的照明灯具，营造舒适的室内光环境。

公共区域设置共享健身房和空中开放健身场地，提供足不出栋的健身服务；设置健康咨询室、体检室，与住户医疗档案互联，为居民提供健康保障。

3. 智慧

整个住宅小区统筹建设智慧建筑管理平台，包含物业管理、租赁管理、公共安全、设施管理、创新服务等功能模块。平台采用开放性接口，允许政府综合管理平台、第三方软件平台进行接入。

项目提供智慧楼宇、共享空间、智慧家居三方面的智能化服务体验。楼宇层面包括人脸识别门禁、人流监控、电梯管理、信息发布、无线覆盖等功能；住宅户内可以体验智慧安防、智慧灯光、智慧空调、语音控制、背景音乐等服务。

4. 长寿

项目以百年住宅示范工程为建设目标，统筹考虑住宅建筑规划设计、生产建造、维护管理和改造更新等全过程，显著提高建筑耐久性和适变性。建筑整体采用 SI 通用体系，实现主体结构与设备管线、内装的完全分离。采用钢结构-混凝土核心筒组合结构体系，在实现结构轻质高强的同时，最大限度保证了空间的开放性和灵活性。此外，采用集成化核心筒设计，所有竖向管线集成于公共区域核心筒内，户内只有水平管线。与传统建筑相比，未来住宅大幅提高了对于空间需求变化的适应性，增强了建筑的适变性。

5. 人文

项目通过空中花园、立体庭院等方式营造了大量舒适宜人的活动空间，鼓励住户走出家门，增加户外互动，促进社会交流。1～6 层设置了大量的共享业态，包括无人超市、共享餐厅、共享健身房、共享办公等，一方面为住户提供便捷的公共服务，另一方面引导一种集约共享的绿色生活理念。

4.3　垂直社区

4.3.1　垂直社区设计方案

未来居住建筑不仅仅为居住者提供传统意义上的住宅空间，而且应当借助建筑空间创造以居住生活为核心的现代都市生活综合体。依托大空间灵活可变的建筑体系，在垂直层面上提供差异化的功能空间，实际上构成了可以充分满足居住需求的"垂直社区"。

3号楼未来住宅项目针对入住人群多元化与流动性的特征，将居住、休闲、办公等多样化需求在垂直空间上进行融合。将不同定位的住宅公寓、空中园林、共享健身、共享办公、商业服务、养老服务在开放性的垂直空间中予以植入，居住者可以做到"足不出栋"，享受到现代化的便利服务（图4-5）。

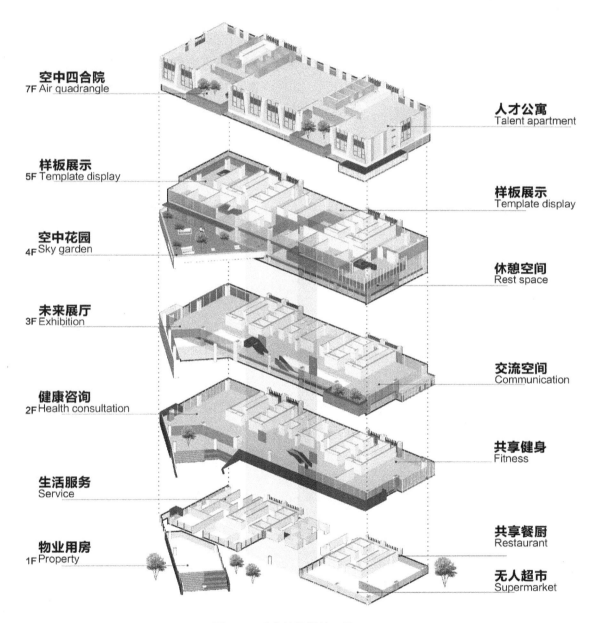

图4-5 垂直社区设计一览

3号楼未来住宅项目在底层架空层设置了共享厨房、共享餐厅、无人超市、面包烘焙、冷链储藏、快递收发、自动取款机、无人洗衣房等共享业态及公共服务。参观流线与居住流线相互分开，互不干扰。入户大堂内设有垂直绿化、儿童涂鸦艺术墙、景观休闲区等；2 层设置住户共享展示、健康咨询室、共享绿化中庭、儿童娱乐区、共享健身房、无人咖啡等空间，促进社区内住户之间的交流与沟通，提供开放、共享的公共空间；3 层主要为未来技术展厅，同时设置有共享会议、共享创客办公、户外观景平台，为共享办公、网络居家办公提供条件；4~6 层为未来住宅样板间，中层设置空中花园；10 层以上为普通公寓部分，同时为使用者提供了多达 8 种的户型设置，满足不同人群的差异化需求；顶层设置屋顶花园，以屋顶绿化为主调，尽量营造开放的空间，避免建造过多空间围合的房间，配合休闲区、露天健身区、共享聚餐区，打造共享聚会空间。

4.3.2 智慧树设计竞赛

为了聚集全球智慧，进一步拓展未来居住建筑的开放性和前沿性，3 号楼未来住宅项目拿出 6 层垂直空间，设置主题为"智慧树"的国际竞赛，即"'下一代建筑'全球创新大奖"研发与建造竞赛单元竞赛项目，提出以智慧主干为基础、以智慧单元模块为细胞构建"智慧树"的竞赛任务要求与评审机制。通过面向全球的众创设计模式，最大程度地满足人们的真实需求，激发并增强个体的创造力，伴随以创新为驱动的协同精神，增强人、城市、社会的智慧化互动。竞赛模块设置于未来住宅的 5~10 层，可在此区域内自由分割空间以适应竞赛的需求。竞赛区域长 54 m，宽 19 m，高 19.8 m。标准层除去核心筒净面积 600 m² （图 4-6、图 4-7）。

项目提供统一的标准层空间作为基础，设计师结合不同的居住需求定制化设计独特的空间单元模块。通过在有限的标准层区域内增设不同的空间单元模块，改变组合搭配，集中探索了模块化、可变化、智慧化的未来居住建筑模式，使得未来居住建筑具有灵活性，可随着时间推移、技术进步、使用人群改变进行更替；又因为标准层主体保留着连接不同空间单元的管线接口以及智慧接口，即使空间单元发生更替，也始终与建筑主体保持联系。

竞赛于 2018 年 5 月 27 日在威尼斯建筑双年展进行全球发布，共有 318 组参赛团队报名，大赛共决出一等奖 1 名，二等奖 2 名，单元模块奖 3 名，奖学金奖 1 名（图 4-8）。

部分参赛作品如下：

（1）Building Metabolism 建筑代谢／一等奖（沈阳建筑大学，章阅、郝金立、闫泽明、苗鹤鹏）（图 4-9）。

（2）"DNA" 双螺旋垂直街巷——街区重构／二等奖（江苏省建筑设计研究院有限公司，刘志军、徐义飞、袁雷、孙韵雯）（图 4-10）。

（3）Cloud Boats 云舟／二等奖（云南城投置业股份有限公司等，董升浩、沙金、和子珉等）（图 4-11）。

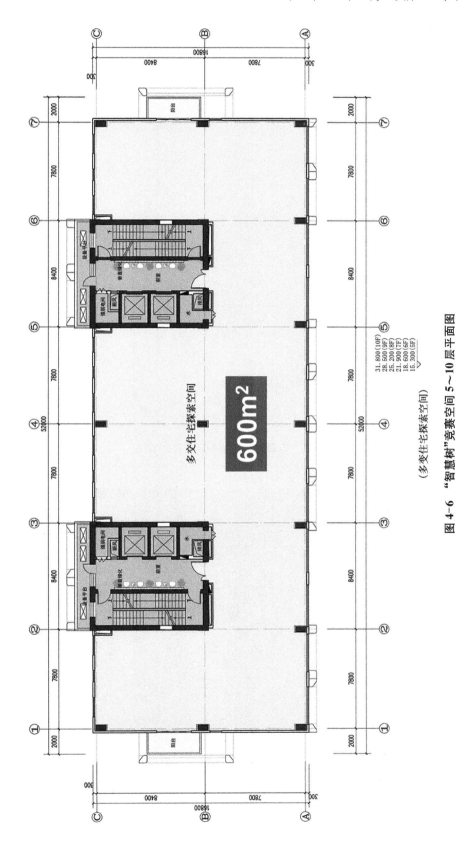

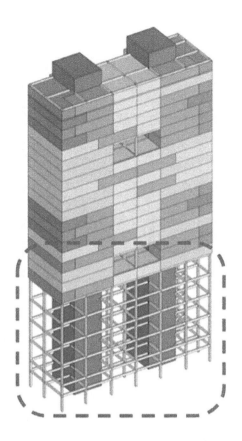

图 4-7 "智慧树"竞赛空间三维示意图

图 4-8 大赛研讨参会人员

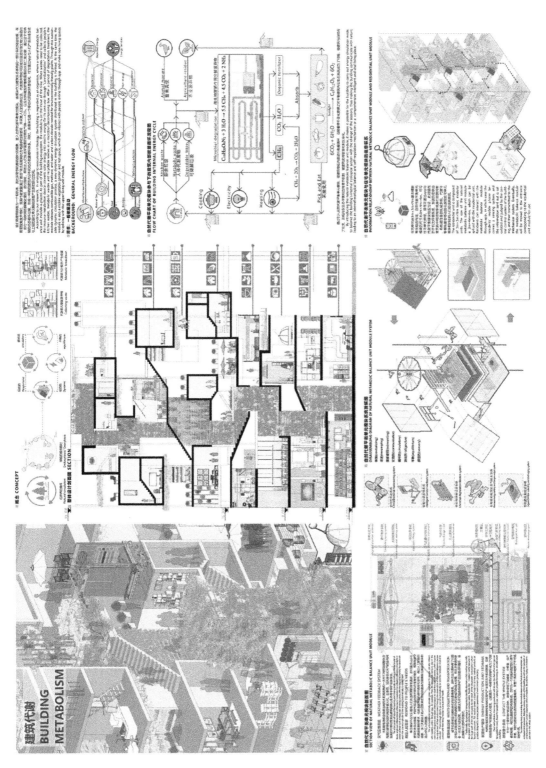

图4-9 "Building Metabolism 建筑代谢"作品展示

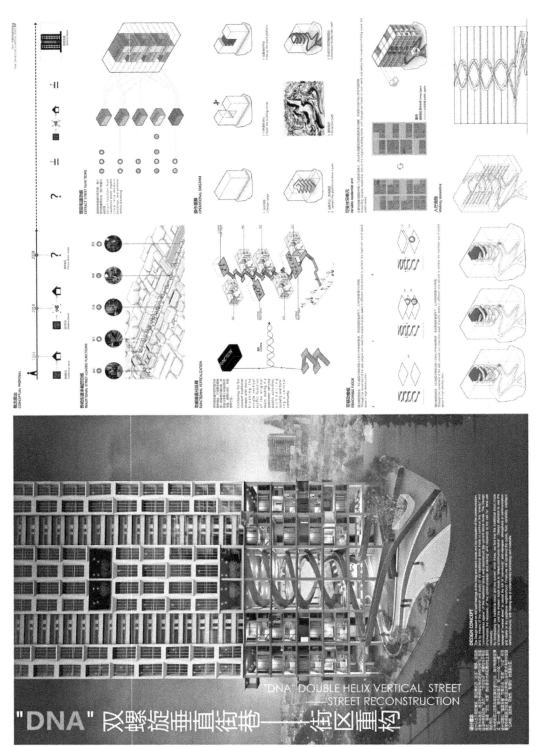

图 4-10 "'DNA'双螺旋垂直街巷——街区重构"作品展示

图 4-11 "Cloud Boats 云舟"作品展示

竞赛优秀作品的设计理念最终融入项目设计方案之中，通过全球众创的设计模式，激发了项目设计的独创性和未来性（图 4-12）。

图 4-12　项目方案调整过程

4.4　可变住宅

4.4.1　可变空间

可变住宅有两方面的含义：空间上的包容性和时间上的可改性。当为居住者进行空间设计时，设计重点放在提高空间功能的开放性与灵活性上。建筑空间不仅要能适应居住者在长达数十年居住需求的变化，也要能根据不同居住者的年龄、职业、性格、生活方式等差异，从个性化需求出发，更为便利地对空间布局进行调整和改造。

1. 垂直空间可变

基于建筑标准化和通用化设计，3 号楼未来住宅项目在垂直维度上具有很高的灵活性。所有楼层除核心筒外，无任何特定功能化的竖向管井，使得建筑各层空间具有最大化的通用性和灵活性。在全生命周期内，可以结合需求的变化，对垂直空间中的功能模块进行切换和重组，大幅提高建筑的适变性。

2. 水平空间可变

3 号楼未来住宅项目除核心筒使用混凝土结构外，整体采用钢框架结构，实现了大开间设计，空间规整干净。柱网采用7.8 m和8.4 m两种尺寸。建筑轮廓整齐划一，减少了建筑形体的凹凸，增加了空间的利用效率，并使得空间高度规整化和标准化，为空间组合的模块化提供了极为便利的基础（图4-13、图4-14）。

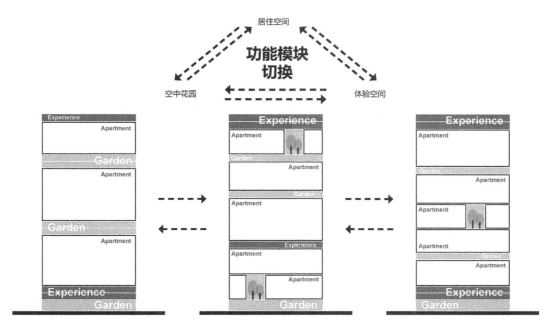

图 4-13 功能模块的可变性

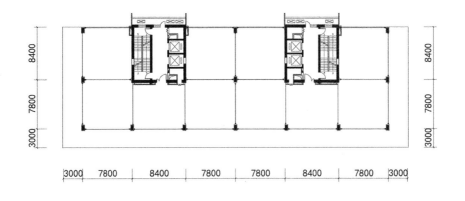

图 4-14 大柱网设计

受益于项目极具灵活性、开放性的建筑体系，在不同标准层可以随意地对住宅空间进行分割组合，轻松地实现不同面积的户型组合。建筑内设置了多达8种户型，可以充分满足不同住户的差异化需求。实际上单一平面内户型的可变性超出这8种组合。在建筑的使用中，对建筑内轻质灵活的内隔墙系统进行适当调整，即可灵活响应建筑使用者动态的需求变化（图4-15）。

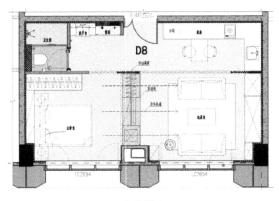

会客模式

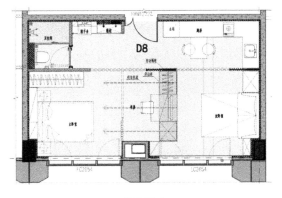

居家模式

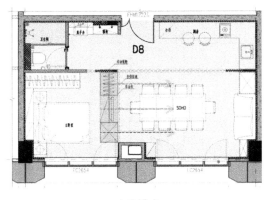

办公模式

图 4-15　户型可变示意图

4.4.2　模块化设计

　　模块在《韦氏大学英语词典》中对应的单词为"Module"，其中一条解释便是"建筑物或家居中可以重复使用的标准单元"。在一个系统的结构中，各个模块既可作为特殊单元单独使用，又可作为统一单元进行组合、拆分、更替，模块具有通用性、独特性、系统性、互联性。而所谓模块化，就是从系统的观点出发，以功能分析为基础，研究产品的构成模式，用分解组合的方法，创建一系列的通用模式，其核心就是将模块分解—设计—组合的全过程。

　　模块化的设计方法是为了改善固定单一的住宅供应模式，以工业化的手段作为技术保障，满足居住者对于住宅的多样化要求。模块化设计是工业化住宅户型系列化的主要途径，具体做法是以标准化为基础，对住宅部品和构件进行整理和分类，分离相同或相似的空间，有效规范部品的数量、尺寸及种类，形成以通用单元形式存在的标准模块和标准化模板。然后在相同的结构体系下，使用不同功能或相同功能的模块，进行重新选择或者排列组合，形成不同的新户型（图 4-16）。

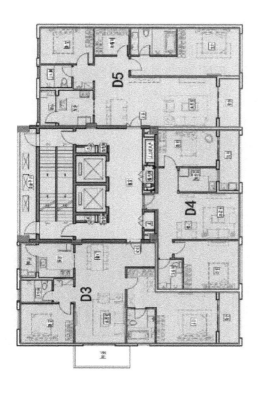

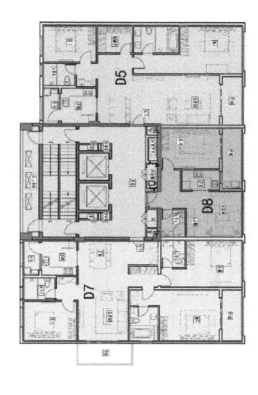

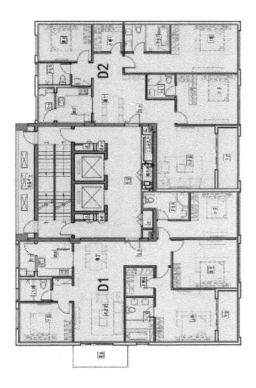

图4-16 不同组合单元模块

099

1. 平面模块化

3号楼社区中心项目采用建筑平面模块化设计，包括平面标准化、户型标准化等设计手法，最大限度地提高效率，充分发挥工业化建筑的优势。项目以8种户型拼接，组合成4种单元形式，为后期单体化标准化设计提供了必要的条件，同时减少了建造成本。

由于厨房与卫生间面积较小，数目较多，适合进行标准化设计。项目根据功能需要，对厨卫空间进行优化设计，将厨卫单元设计为几个不同的模块。不同户型根据需求使用相应的模块，有利于进行工业化生产，提高装配化率（图4-17）。

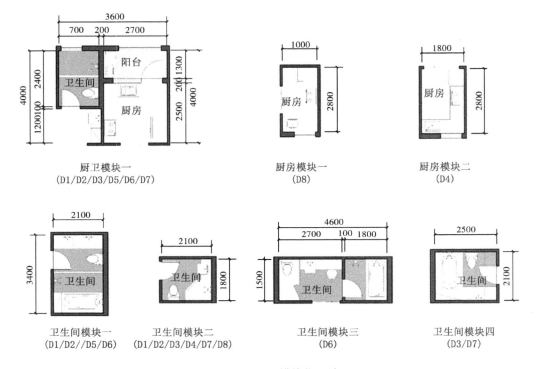

图 4-17　厨卫模块化设计

2. 立面模块化

住宅立面采用工业化的处理手法，使用标准化GRC模块构件（图4-18），构件尺寸

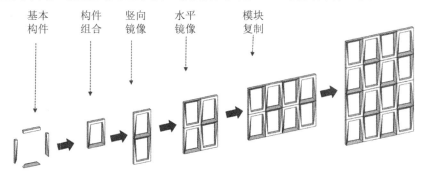

图 4-18　GRC模块拼接设计

模数化，以两层为一个基本单元进行拼接，使立面充满未来感的同时，整体达到预制装配的效果。住宅的层高相同，使得预制构件的量化生产更为高效，便于装配式技术的快速实施，达到一定使用年限后亦便于拆卸更换，实现立面可变。

4.4.3 装配式组合结构体系

具有开放性和可变性的结构体系，是实现建筑适变性的基础。3号楼社区中心项目采用钢框架-混凝土剪力墙组合结构体系，除核心筒为混凝土结构外，其余均采用钢结构（图4-19、图4-20）。该体系具有以下优点：

1. 轻质高强、抗震性能好

钢结构具有重量轻、强度高特点。采用钢结构建造的住宅重量是普通钢筋混凝土住宅的1/2左右。地震作用可降低30%～40%。

2. 有利于实现大开间，提高自由度

钢结构空间布置自由，形成大柱距、大开间的开放性住宅，开间可比混凝土结构增大30%～50%。

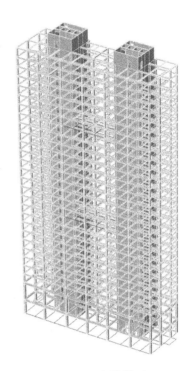

图4-19 全楼模型

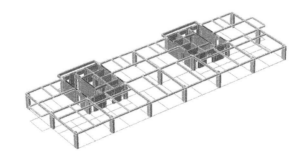

图4-20 标准层模型

3. 兼具混凝土的安全防火优势

以混凝土结构作为核心筒，防火抗倒塌性能更优，可为居住者提供更为可靠的安全逃生空间。

4. 施工周期短、工业化程度高

钢结构住宅是将各种型材和钢板在工厂经加工制造而成的钢构件运至现场后，通过焊接或锚栓进行整体组装，不需要制作模板，不需要绑扎钢筋，可以加快施工速度，建造期短。

5. 有利于实现环境友好

钢材可以回收再利用，钢结构施工现场作业量小、噪声低，建造拆除时对环境污染较小。

项目主体结构采用装配式钢结构＋现浇混凝土剪力墙结构。实施应用的装配式技术如表 4-1 所示。

表 4-1　装配式技术应用统计

阶段	技术配置选项	
标准化设计	标准化模块，多样化设计	
	模数协调	
工厂化生产/装配式施工	竖向构件	钢管混凝土柱
	水平构件	钢梁
		楼板采用非预应力混凝土叠合板
		楼梯采用预制混凝土梯段板
	主体结构外围护构件	外围预制外墙挂板
		GRC 幕墙
	装配式内围护构件	成品轻质内隔墙板，轻钢龙骨硅酸钙板
	工业化装饰及通用部品	集成式卫生间
		集成式厨房
		装配式吊顶
		楼地面干式铺装
		土建装修一体化
BIM 技术应用		

结构采用的预制构件主要分为竖向预制构件、水平预制构件、主体结构外围护构件、装配式内围护构件、工业化装饰及通用部品，预制构件具体实施情况如表 4-2、图 4-21 所示。

表 4-2　预制构件实施情况

预制构件	实施情况
竖向预制构件	钢管混凝土柱
水平预制构件	钢梁
	楼板采用非预应力混凝土叠合板
	楼梯采用预制混凝土梯段板
主体结构外围护构件	外围预制外墙挂板
	GRC 幕墙
装配式内围护构件	成品轻质内隔墙板，轻钢龙骨硅酸钙板
工业化装饰及通用部品	成品栏杆
	集成式厨房
	装配式吊顶
	楼地面干式铺装
	土建装修一体化

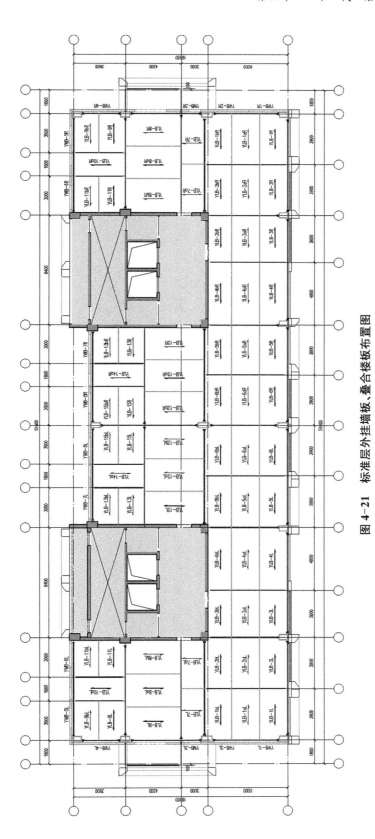

图 4-21 标准层外挂墙板、叠合楼板布置图

4.4.4 集成化机电系统

机电设备管线的集成化对于实现可变住宅功能灵活性十分关键。这要求住宅的设备干线系统尽量集中于公共区域的竖向管井中，在户内不设竖向管道，只铺设各类水平支线。竖向管井内的设备干线系统与主体结构一同施工，并预留与水平支线的接口。这种布置方式使得公共管线与住户内私有管线完全分离，公共管线属于骨架体部分，而户内管线属于内部填充体部分。

3 号楼未来住宅项目针对建筑适变性需求，创新性地采用了集成化的核心筒设计，即将本栋所有竖向机电管线系统（水、电、暖等）全部集成于核心筒内，套内仅设横向管线，便于在建筑使用期间内对空间重新调整组合。同时，核心筒开间宽度与住宅部分协调一致，保证了外墙板的模数统一协调（图 4-22）。

采用集成化核心筒设计，使得竖向干线系统形成建筑机电系统的"树干"，而水平支线系统形成"枝叶"。主要建筑空间内的机电系统在保持和主干连接的同时，可以保证最大的自由度。

1. 集成化核心筒

在核心筒集中设置了强弱电间、水管井、新风井和排风井等设备管井。竖向配电系统采用插接式母线槽，现场安装方便，可适应后期户型调整、变化。给排水立管敷设于核心筒的管井内，给排水管线分别敷设于吊顶及架空地板内，采用重力排水系统，架空层高度为 300 mm，户内无排水立管（图 4-23）。集中新排风立管通过前室吊顶内的支管与户内新排风系统相连，新风通过核心筒中的新风竖井输送至各层。

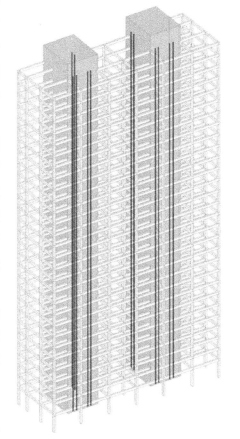

图 4-22 机电主干系统设计示意图

为实现集约紧凑设计，减少对于建筑空间的挤占。核心筒内机电竖向管井均采用了 BIM 技术进行了精细化设计，在保证使用功能以及预期扩展性前提下，实现空间利用的优化。

2. 水平支线系统

户内水平支线系统基于 SI 建筑设计理念进行布置。通过设置吊顶、架空地板、隔墙夹层空间，实现室内六面架空，进而保证支线系统完全与主体、内装分离。一方面，水

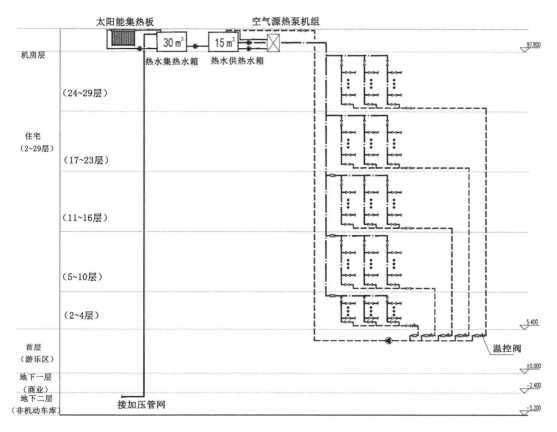

图 4-23 排水系统示意图

平支线系统可实现不同建筑布局、不同建筑功能的轻松转变；另一方面，它可以在不破坏结构墙体的情况下实现对管线设备的日常维修和更换，让住宅变成可体检、可升级的产品（图 4-24）。

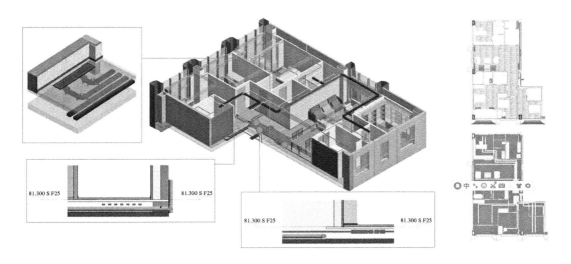

图 4-24 户内管线系统示意图

4.4.5 SI 内装系统

1. 架空地面系统

采用架空地板，可以根据需要不时地改变电缆和导线布线系统，减少综合布线的建筑结构预埋管线（图 4-25）。

底层地板装配过程1　　　　底层地板装配过程2

图 4-25　架空地板施工

2. 快装墙面系统

户内分隔墙采用轻钢龙骨＋硅酸钙板，其优点是：自重轻，可在楼板上自由布置墙体，对结构整体刚度影响小；具有很好的隔音性能和防火性能，是一种适宜推广的绿色环保材料；安装快捷、无抹灰，可以缩短工期，提高效率（图 4-26）。

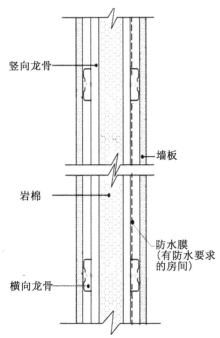

竖向龙骨

墙板

岩棉

防水膜
（有防水要求
的房间）

横向龙骨

图 4-26　快装墙面系统施工和大样图

3. 集成吊顶系统

采用石膏板吊顶，具有良好的装饰效果和较好的吸音性能（图4-27）。

图 4-27　干式吊顶铺装施工

4. 装配化门窗系统（图4-28）

图 4-28　装配式门应用实景图

5. 集成厨卫系统

1）集成式厨房

采用集成厨房模块，有利于大规模工业化生产，降低采购成本。标准化的橱柜系统，可以实现操作、储藏等不同功能的统一协作，使其达到功能完备与空间美观（图4-29）。

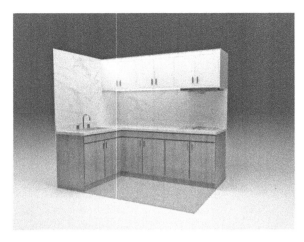

图 4-29　集成式厨房效果图

2）集成式卫生间

卫生间采用同层排水系统。卫生间降板高度仅为 150 mm，采用整体防水底盘，以及薄法同层侧排地漏，在架空地面下，布置排水管，与其他房间无高差（图 4-30）。

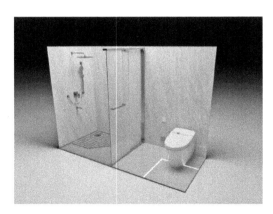

图 4-30　集成式卫生间效果图

4.5　低能耗住宅

4.5.1　多功能表皮

3 号楼未来住宅项目表皮采用 GRC 产能幕墙系统，通过模块化、工业化的设计建造方式，实现 GRC 外立面构件和幕墙系统的一体化，并集成立面光伏系统，同时满足建筑表皮采光、遮阳、通风和可再生能源利用的需求（图 4-31）。

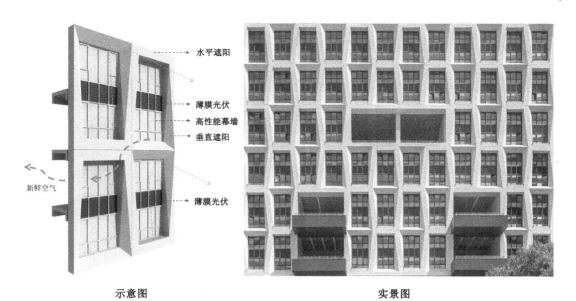

水平遮阳

薄膜光伏
高性能幕墙
垂直遮阳

新鲜空气

薄膜光伏

示意图　　　　　　　　　　　实景图

图 4-31　多功能表皮示意图及实景图

1. 自然通风与采光

3 号楼未来住宅采用南向大窗墙比设计，从而有利于夏季和过渡季的自然通风（图 4-32）；结合建筑平面布局设计，保证居住空间的通风效果；在暗卫等自然通风不佳的区域，通过机械通风方式予以改善。

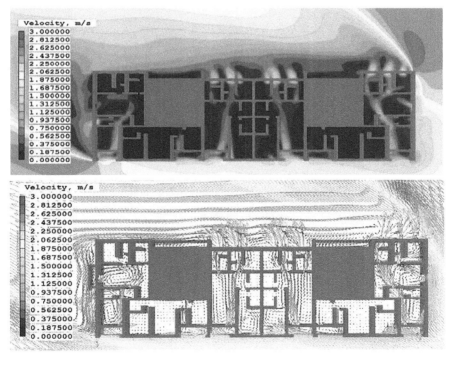

图 4-32　风速云图和风速矢量图

南向的大面积幕墙可以充分利用自然采光，在提升住宅视野的同时大幅提高自然采光效果。房间内辅助设置了智能照明系统，照度、色温可调，并通过光传感器感受自然光照度，合理控制照明系统和遮阳窗帘，保证室内光照度前提下，充分降低照明系统能耗。

2. 遮阳

南向大窗墙比设计对建筑遮阳提出了更高的要求。3号楼未来住宅项目把 GRC 构件延伸为固定遮阳系统，在不影响自然采光和冬季采阳的基础上，实现对外窗水平和垂直三维的立体遮阳。通过模拟结果显示，设置构件后能够削减约 40% 的夏季太阳辐射，效果显著。为了进一步提高遮阳效果，南向和东西向外窗采用活动中置遮阳设计（图4-33）。

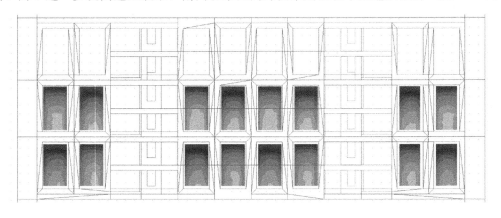

图 4-33　GRC 遮阳系统效果分析

3. 可再生能源利用

3号楼未来住宅在幕墙系统的中空夹层中设置了薄膜光伏电池，将可再生能源系统与建筑表皮有机结合。光伏电池区域位于两层单元中间楼板位置，减少了对采光的影响。其中，光伏组件尺寸为 1 192 mm×792 mm（图4-34）。

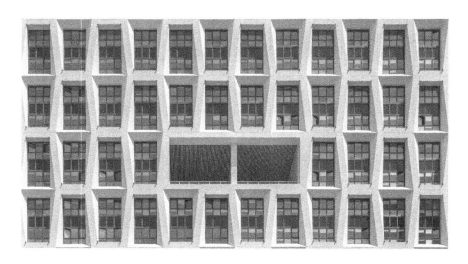

图 4-34　幕墙光伏设计方案

4.5.2 高性能围护结构

结合项目所处气候区，通过分析围护结构热工性能变化对建筑冷热负荷的影响，可以得出在目前的节能水平上，建筑的夏季遮阳和新风负荷的控制成为被动式节能设计的主要因素（图4-35）。

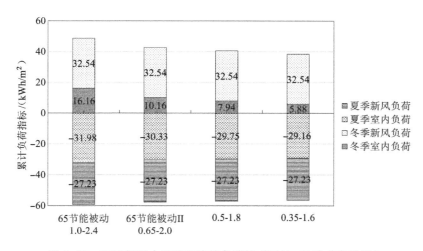

图4-35 不同保温水平建筑冷热负荷构成对比（1次换气次数）

3号楼未来住宅项目在优化选择合适的保温体系的基础上，进一步体现个性化、精细化设计理念。整体采用岩棉内保温体系，可实现对围护结构不同区域的差异化设计。针对东西向和北向功能房间的外墙，适当提高保温性能，以改善冬季北向房间和边户等不利空间的冬季热环境；适当降低诸如厨房、卫生间等低舒适度要求房间的外墙保温厚度（图4-36）。

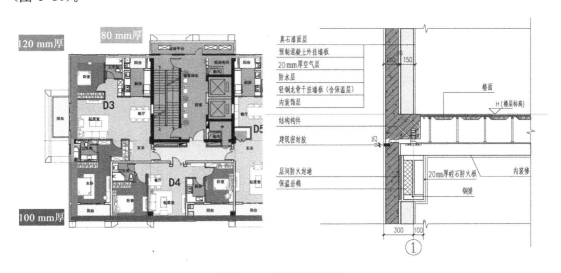

图4-36 可变围护结构

3 号楼未来住宅主要围护结构热工系统设计参数如表 4-3 所示。

表 4-3　主要围护结构热工系统设计参数表

围护结构部位		传热系数 $K/$ $[W/(m^2 \cdot K)]$	备注
外窗（玻璃幕墙）		1.8	三玻两腔高透双银 Low-E 暖边 [5 mm+ 19Ar（百叶）+5 mm+9Ar+5 mm 双银 Low-E 暖边]
屋面		0.33	100 mm 厚 XPS 保温板（导热系数 0.030，修正系数 1.25）
外墙（内保温）	南向	0.39	100 mm 厚岩棉保温板（导热系数 0.041，修正系数 1.2）
	东、西、北向	0.34	120 mm 厚岩棉保温板（导热系数 0.041，修正系数 1.2）
	厨房、卫生间、楼梯间	0.46	80 mm 厚岩棉保温板（导热系数 0.041，修正系数 1.2）

4.5.3　双冷源新风机组

传统空调系统往往采用单一的空气处理方式（比如表冷器）来同时满足室内降温和除湿的需求。这样的处理方式只能保证单个参数的控制，一般来讲优先满足温度参数而牺牲湿度参数，所以传统空调系统存在湿度控制效果不佳、能效难以进一步提升等问题。为有效解决以上问题，温湿度独立控制空调系统在行业内逐步得到发展。其核心理念是将温度处理和湿度处理解耦：显热负荷通过高温冷源进行处理，而潜热负荷采用独立的除湿设备解决（包括冷凝除湿、溶液除湿等）。制备高温冷源的空调设备往往能效比要显著高于常规机组。这种空调系统形式解决了传统空调温湿度控制的矛盾，一方面改善了舒适度，另一方面也通过能源梯级利用实现了空调节能。

基于此理念，3 号楼未来住宅项目采用双冷源新风机组，通过两种冷源分别实现新风的降温和除湿。由地源热泵集中新风系统对新风进行除霾、调湿、热回收处理，保证了住宅良好的空气品质；通过户式分散的可变制冷剂流量（VRF）空调，充分满足住宅空间随用随开的负荷特性，鼓励行为节能，减少输配能耗。应用温湿度独立控制系统，由新风系统控制湿度，户内系统控制温度，大幅提高室内舒适度，并且过渡季节可只开启新风系统，降低空调能耗。

项目地源热泵系统共设置 168 口地源井，每口井有效深度 100 m，采用 2 台制冷量 294 kW 的地源热泵机组（图 4-37）。每

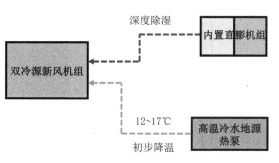

图 4-37　双冷源新风机组示意图

个核心筒设置2台双热冷源全新风机组，一台置于屋顶层，另一台置于地下设备机房，各承担一半竖向分区的新风负荷。

4.5.4 清洁能源制热水系统

3号楼未来住宅项目设置集中热水系统，在建筑屋面设置热水机房。热源采用太阳能及空气源，在屋顶设置太阳能集热板和空气源热泵机组。户内支管设置电伴热系统，保证末端供水温度。本楼栋单独设置热水补水泵房（图4-38、图4-39）。

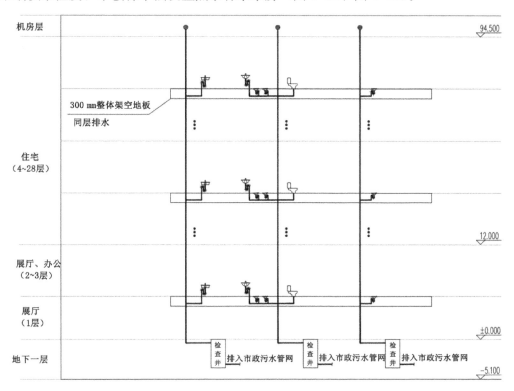

图 4-38　生活热水系统示意图

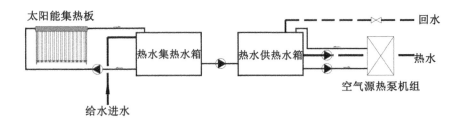

图 4-39　热水机房系统示意图

建筑屋顶设置100 m² 太阳能集热板，并配置5台CAHP-PI-42型空气源热泵机组（制热量42 kW、额定功率9.15 kW、能效比4.59）及5台加热水箱（功率10 kW、容量455 L）。热水机房内设3台3.0 t储水罐和35台455 L储热水箱。

4.6 健康住宅

4.6.1 健康空气

1. 室内污染物控制

3 号楼未来住宅项目采用装配式装修，现场直接拼装，减少了施工过程中污染物的排放（图 4-40、表 4-4）。

图 4-40 装配式装修

表 4-4 房间主要装修做法表（以 D1 户型为例）

房间	地面做法	墙面做法	顶面做法
卧室	实木复合地板	水泥基成品墙板（仿墙纸）	石膏板吊顶＋涂料
客餐厅			
厨房	水泥基成品板	水泥基成品墙板（仿墙砖）	集成吊顶＋涂料
卫生间			

2. 新风除霾

3 号楼未来住宅项目采用集中式新风系统，并设置初效和中高效过滤装置，$PM_{2.5}$ 去除率达到 95％。排风口设置于卫生间、储藏室顶部，设计排风量约为新风量的 80％。厨房设置抽油烟机，布置于灶台正上方（图 4-41）。外墙气密性达到 6 级，幕墙气密性达到 3 级。

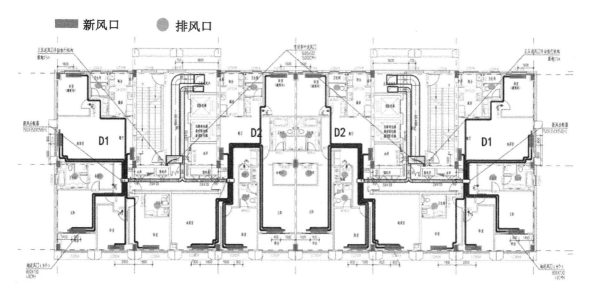

图 4-41　新排风平面图

3 号楼未来住宅项目设计阶段对典型户型新风颗粒物进行了评估，结果如表 4-5 所示。

表 4-5　新风颗粒物评估表

户型	颗粒物	年均/（$\mu g/m^3$）	不保证 18 d/（$\mu g/m^3$）
D1 户型	$PM_{2.5}$	9.35	22.32
	PM_{10}	15.87	31.82
公共配套	$PM_{2.5}$	6.80	16.24
	PM_{10}	11.55	23.15

3. 空气质量监测

3 号楼未来住宅项目设置了空气质量监测系统，对住宅户内温湿度、$PM_{2.5}$、PM_{10}、CO_2、VOC 等参数进行实时监测，传感器一般设置于起居室内，吸顶安装，并具备数据存储功能。空调、新风系统与空气质量监测联动。

4.6.2　健康用水

1. 直饮水系统

3 号楼未来住宅项目设置分户式直饮水，采用"前置过滤器＋分户直饮净水机"的 2 级过滤形式，在每户厨房设置一套反渗透直饮水机（图 4-42）。机身自带动态智能多级滤芯更换提示，实时显示每级滤芯剩余使用寿命，便于实时掌握水质。直饮水机的选择满足《生活饮用水水质处理器卫生安全与功能评价规范——反渗透处理装置》（卫法监发〔2001〕161 号附件 4C）的要求，直饮水机出水水质满足《饮用净水水质标准》（CJ 94—2005）。

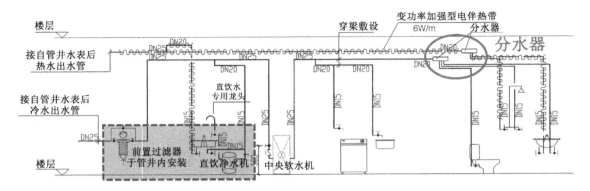

图 4-42　直饮水系统示意图

建筑内对生活饮用水、直饮水、生活热水和非传统水源都进行水质监测。生活饮用水的监测点位在负一层、28 层管井内；生活热水的监测点位在机房内；非传统水源的监测点位在雨水机房的清水池内（图 4-43）。

图 4-43　水质监测点位

2. 高品质管材

3 号楼未来住宅的生活饮用水管材选用薄壁不锈钢管或镀锌钢管内衬不锈钢复合管。除镀锌钢管、给水塑料管外，均做防腐处理，防止管道腐蚀和滋生细菌。

3. 用水舒适

对于户内设有淋浴器的卫生间，同时设有分水器避免造成同时用水干扰。淋浴器采用恒温混水阀，稳定淋浴时水温。卫生间采用墙排式同层排水，避免上下层排水声音干扰。

4.6.3　舒适环境

1. 声环境优化

3 号楼未来住宅项目对建筑布局进行了优化：排风机、电梯井等噪声源均远离卧室、起居室等主要功能房间，主要功能房间噪声级表如表 4-6 所示。室内设备选择低噪声产品，且采用隔声性能好的围护结构，主要构件隔声性能如表 4-7 所示。

表 4-6 主要功能房间室内噪声级表

主要功能房间	室内预测噪声值/dB	允许噪声级/A 声级，dB
		高限标准
卧室	28.7（夜间）	30
创客空间	33.7（昼间）	35
起居室	34.9（昼间）	40

表 4-7 主要构件隔声性能表

构件	做法	隔声量/dB
外墙	岩棉板＋蒸压加气混凝土砌块	45
外门窗	铝合金中空玻璃	25
分户墙	陶粒混凝土墙板	45
楼板	10 mm 厚无石棉硅酸钙板平衡层＋ 20 mm 厚 XPS 挤塑聚苯保温板＋橡胶 地脚支撑架空层＋钢筋桁架楼承板	45 （空气声） 75 （撞击声）

2. 光环境优化

3 号楼未来住宅项目的卧室、起居室、厨房均设置外窗，卫生间均为明卫，外窗均采用无色透明玻璃。各户型客厅、卧室、厨房、书房的采光系数基本在 2.2% 以上，卧室、起居室的窗地面积比均达到 1.1：5，采光效果良好（图 4-44）。

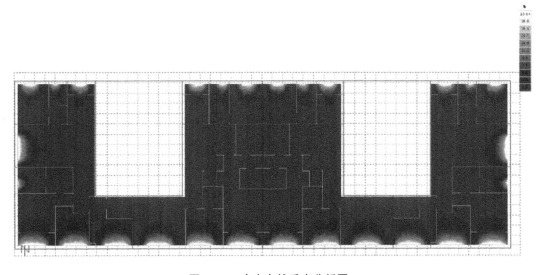

图 4-44 户内自然采光分析图

户内采用紧凑型 T5 荧光灯、LED 灯等节能光源，灯具功率因数均大于 0.9，光源的显色指数≥80，光源色温在 3 300 K 到 4 000 K 之间。

3. 热湿环境优化

3 号楼未来住宅项目设计中将自然通风的被动式设计作为重点，结合户型设置与布局，充分优化建筑穿堂风效果。通过模拟结果分析：典型楼层主要功能房间的平均热感觉指数（Predicted Mean Vote，PMV）处于−1 至 1 范围内，对应的适应性平均热感觉指数（Adaptive Predicted Mean Vote，APMV）均处于−0.67 至 0.73 范围内，预计不满意者的百分数（Predicted Percentage Dissatisfied，PPD）<25%，达到非人工冷热源热湿环境 2 级的要求（图 4-45～图 4-48）。

图 4-45　自然通风房间 PMV 分布

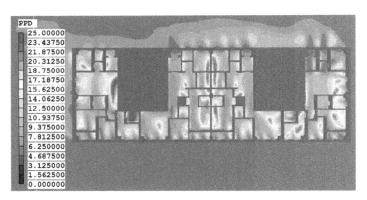

图 4-46　自然通风房间 PPD 分布

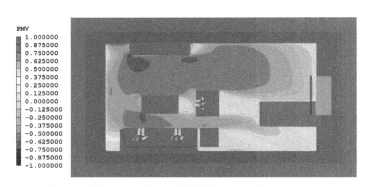

图 4-47　人工冷热源房间 PMV 分布

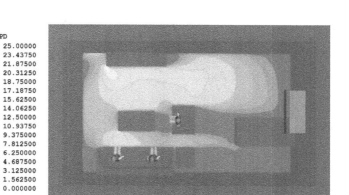

图 4-48　人工冷热源房间 PPD 分布

4.6.4　健身空间

江北新区人才公寓（1 号地块）项目在场地内设有便利且丰富的健身运动场地，总面积达到了 1 635 m²。健身场地附近提供直饮水点，保证运动后的及时补水。3 号楼未来住宅楼栋 2 层设有共享健身房，住户可以通过预约或移动客户端扫码进入，畅享足不出栋的健身体验（图 4-49、图 4-50）。

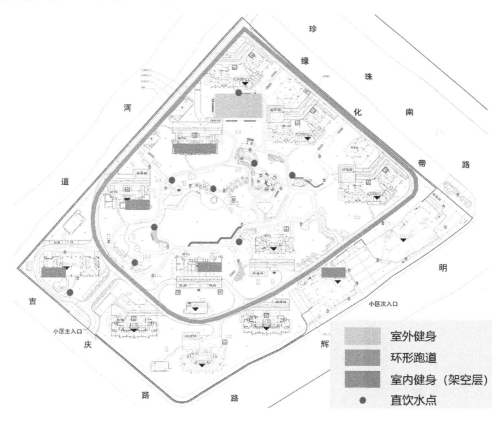

图 4-49　健身空间示意图

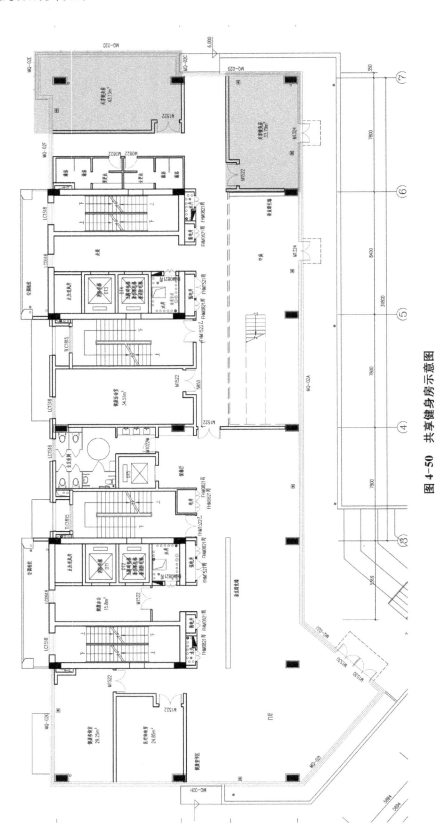

图 4-50　共享健身房示意图

4.6.5 居家适老

1. 适老化门厅

3号楼未来住宅项目采用开敞的出入口空间,户门不设置门槛,门洞口宽度不小于1 000 mm。户门采用平开门,户门拉手侧预留400 mm以上空间,方便轮椅接近门口,预留足够的通道宽度保证紧急情况时担架出入所需的空间。吊顶安装微波红外感应灯,采用适老化开关插座,插座设置在1 000 mm高度处,采用大面板开关,方面老人外出和回家一键开关。

3号楼未来住宅采用独立的门厅消洗、鞋衣、妆镜一体化收纳柜收纳系统,预留充裕的空间换鞋换衣,鞋柜在850 mm高度处设有台面,用于放置小物品,鞋柜下部留出高300 mm左右空档,作为部分开敞的放鞋空间,并可配置可折叠换鞋凳,便于老人换鞋(图4-51)。

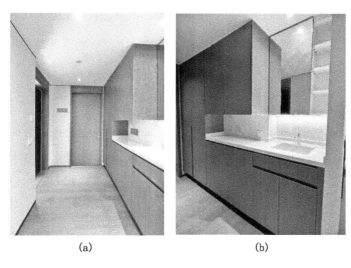

(a)   (b)

图4-51 玄关实景图

2. 适老化厨房

厨房的空间尺度合理,常用设备布置合理紧凑,操作流线流畅,减轻劳动负担。安装带有自动灭火装置的灶具避免安全隐患。设置燃气、漏水等报警设备,发生意外事件时可及时对老年人发出提醒。在厨房内设置呼救系统的预留埋线,将来与社区老年人服务管理网络连接,实现对老年人远程监护。

地面应采用防滑、耐污材料,易于清理。采用大面板的开关和操作按键、杆式手柄的门把手和可抽拉水龙头,厨房台面高度根据老年人的身高设计,台面高度为800~900 mm,且预留充裕的台面空间,方便老人把最常用的物品放在最明显处。在重点操作台面、柜体内增加局部补充照明,消除灯光死角。厨房墙面中部预留大面积位置,增设抽拉层板等中部收纳柜便于老人取放物品。厨房立面完整流畅，无尖角设计，保证老人的安全（图 4-52、图 4-53）。

图 4-52　适老化厨房实景图　　　　图 4-53　报警设备

3. 适老化卫浴

适老化卫浴配置坐便器、恒温花洒等卫生洁具，卫生间预留充足的空间，浴室采用软质隔断，地面降低高差，采用缓坡设计。卫生间门采用移门，满足轮椅正常使用。卫生间采用微波感应片灯，以保证老人起夜安全。洗手池周边留出充足台面，减少从高处取放物品的必要，且设置镜柜，增加储物空间。坐便器侧前方墙面上设置紧急呼叫器（图 4-54、图 4-55）。

图 4-54　适老化卫浴实景图　　　　图 4-55　智能马桶

4. 适老化起居空间

卧室设置电动窗帘，方便老人在卧床时即可操作窗帘。卧室无狭窄拐角，空间开敞，床头设紧急呼叫器，保证老人躺在床上伸手可及。卧室预留扶手位置，并邻接主要动线的墙面。卧室门口设置小夜灯，保证老人起夜安全（图4-56、图4-57）。

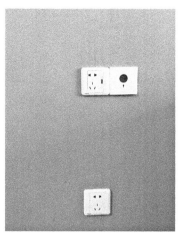

图 4-56　适老化起居室实景图　　　　　　　图 4-57　床头报警按钮

老人房衣柜前方设有足够的取衣置物空间，预留充足的书桌、床头柜空间，用于布设适合老人放置水杯、眼镜、药品、台灯等物品的大台面。

4.7　智慧住宅

3号楼未来住宅项目依托互联网、物联网、大数据、云计算等新一代信息技术，从智慧楼宇、智慧物管和智慧家居三个方面配置智慧住宅系统，提高了物业管理人员的工作效率，也为住户提供了安全、舒适、健康、便利的智慧化生活环境（图4-58）。

4.7.1　智慧楼宇

智慧住宅的核心是要充分利用建筑大数据，为住户提供智能便利的服务。3号楼未来住宅项目基于建筑大数据的共享平台，以建筑信息模型（BIM）、物联网（IOT）、物业管理为数据载体，收集建筑物理状态、设备运行、人员活动等全方位的建筑大数据，构建建筑大数据体系（图4-59）。

3号楼未来住宅项目同时设置丰富的共享业态来提升住户的生活便利性和舒适度，包括共享办公、共享厨房、共享健身房、无人超市、无人洗衣房等。通过智慧建筑系统的加持，住户可以更为便利地体验这些共享与自主服务。

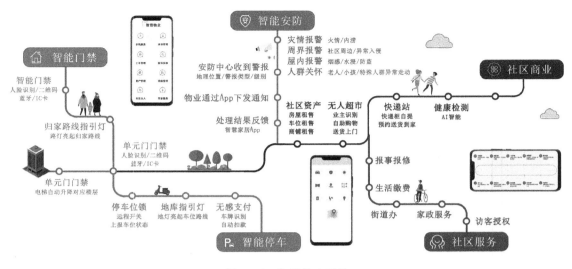

图 4-58 智能住宅系统

图 4-59 楼宇自动化系统

4.7.2 智慧物管

3号楼未来住宅项目设置智能建筑物管理系统，物业可以利用各种先进的科技和智能化手段管理小区的日常事务，大大提高物业管理的效率，优化住户体验。智能建筑物管理系统包括安防监控系统、停车场管理、门禁系统和维修系统等（图 4-60）。

物业

智能建筑物管理系统

图 4-60 智能建筑物管理系统

4.7.3 智慧家居

借助建筑物联网技术，智能家居系统可以通过传感技术、传输技术、计算机处理技术等手段将各类家居电子产品、家庭安全、防盗报警乃至与整个生活社区的信息联通，通过传感网络、无线传输网络和智能处理设备，为用户提供智能家电控制、智能灯光控制、智能防盗报警、家居环境监测等智慧化的家居服务。通过设置智能家居系统，有效地实现了对灯光、窗帘、空调、视听设备、安保、监控系统的智能控制，达到安全、节能、人性化的效果（图 4-61）。

业主

智能家居系统

图 4-61 智能家居系统

3 号楼未来住宅项目具体实施的智能化系统配置如表 4-8 所示。

表 4-8 智慧住宅配置表

序号	智能系统分类	设置内容
1	智能安防系统	• 入侵报警系统：实现小区周界无死角防范，防止非法人员通过翻越围墙、与外界相通的建筑物窗户进入小区内部，或通过非法手段进入重要机房内。辅助小区安防管理，降低小区保安的工作难度。 • 视频安防监控：视频管理和存储，以及视频显示系统。 • 访客对讲系统：来访者与住户可视对讲及 App 云对讲；住户家中发生事件时，住户可呼叫小区的管理中心，向中心寻求支援，实现小区方便和快捷的管理。 • 出入口控制系统：住户通过刷脸或刷卡进出闸口；同时联动消防，当发生火灾时，火灾报警系统联动出入口控制系统打开门禁。 • 停车管理系统：系统自动识别车牌，自动控制出入挡车器；具有对讲呼叫功能、自动计费与收费金额显示、多个出入口的联网与监控管理、停车场整体收费的统计与管理等功能。 • 电子巡查管理系统：实现巡更路线的设定、修改，按时间、地点、线路、区域、人员、班次对巡查记录进行查询、统计
2	智能家居及家居安防报警系统	• 家居安全：入户门设置智能门锁，玄关处设置监控摄像头，可实现入侵报警；在每户厨房设置可燃气体探测器；每户主卧及客厅设置求助报警按钮。 • 智能灯光：每户设置全屋智能照明。 • 智能窗帘：每户在客厅、卧室、书房等房间设置电动窗帘。 • 家居环境：户内设置空气质量探测器，对住宅户内温湿度、$PM_{2.5}$、PM_{10}、CO_2 等参数进行实时监测，同时可联动空调系统和新风系统。 • 家居娱乐：客厅及主卧设置背景音乐系统。 • 智慧场景：场景面板接入智能家居主机，实现一键回家、离家、睡觉、起床、起夜、迎宾等生活场景。 • 家居控制：智能家居系统支持联动控制、远程手机端控制、语音控制、定时控制等模式
3	智能门锁系统	• 智能门锁支持密码、指纹两种开门方式，平台、物业等管理部门不保存用户自定义密码、指纹信息。同时智能门锁支持入住办理、日常使用、紧急开门、退租、看房等模式，提高出租、退租效率与使用体验
4	智能建筑设备管理系统	• 智能建筑设备管理系统对与建筑物相关的暖通风机、给排水、电梯等设备进行集中监视、控制和管理，达到对机电设备进行综合管理、调度、监视、操作和控制，并实现节能的目的

（续表）

序号	智能系统分类	设置内容
5	智能远程抄表系统	• 实时监测：可查看系统内水表的实时数据；支持按空间、时间、负荷类型查询。 • 能耗统计、分析：实时统计用水情况并计算费用；以日、周、月、年的维度统计用水量
6	智能环境传感系统	• 室外气象站：用于对风向、风速、雨量、气温、相对湿度、气压、太阳辐射、$PM_{2.5}$浓度、PM_{10}浓度和紫外线强度等要素进行全天候现场监测。 • 水环境监测系统：对生活饮用水、直饮水、非传统水源设置水质在线监测系统，监测内容主要有水质的浊度、余氯、pH和溶解性总固体（TDS）等

第五章　总结与展望

5.1　实践创新

当今全球正面临着气候变化、生物多样性丧失、环境污染等众多环境危机。放眼世界，极端天气和地质灾害频频出现，极地冰川融化加快，大量物种销声匿迹，这一切与人类活动导致的资源消耗以及温室气体过量排放密切相关。为有效应对全球环境危机，在 2015 年 12 月 12 日第 21 届联合国气候变化大会上通过了《巴黎协定》（*The Paris Agreement*），为 2020 年后的气候变化行动做出了安排，将全球平均气温升幅（较工业化前时期）限制在 2 ℃之内，并努力限制在 1.5 ℃之内。据中国国际发展知识中心发布的《全球发展报告》统计，截至 2022 年 5 月，全球已有 127 个国家提出或准备提出"碳中和"承诺，这一范围已覆盖全球 CO_2 排放的 88％、国内生产总值的 90％以及总人口的 85％。中国作为世界最大的碳排放国，积极履行自身职责，提出碳达峰、碳中和"3060"目标，标志着我国在气候变化国际谈判中从被动应对到自主贡献的角色转变。实现"3060"双碳目标是我国朝着保护地球唯一家园目标迈进的必要条件，也是美丽中国建设过程中新的里程碑，进一步体现了中国在全球生态文明建设过程中作为重要参与者、贡献者、引领者的作用。

有的研究表明，人的一生近 90％的时间在建筑中度过。建筑在为人类遮风挡雨、提供休憩，同时，其内部提供的采暖、制冷、照明、炊事、供生活热水等服务都在源源不断地消耗着能源。加上钢筋混凝土等建材在生产过程中造成的资源消耗，建筑产生的碳排放不容小觑。据统计，我国建筑全生命周期碳排放总量已超社会总碳排放量一半以上，随着人们生活水平的不断提高，建筑的服务水平和用能需求将继续攀升，因此，中国作为一个发展中国家，正面临着"发展"与"减排"的双重压力。抓住建筑领域这一"排放大户"，实现建筑减排，是建设清洁美丽中国的关键之一。

南京江北新区人才公寓（1 号地块）项目作为江苏省探索低碳建筑及建筑工业化发展的示范项目，集成应用并展示了建筑全生命周期碳减排技术。其中，12 号楼社区中心实践了木结构体系以及屋顶一体化的光伏系统，并通过直流微电网系统实现了分布式可再生能源就地消纳，积极探索了夏热冬冷地区零碳建筑的技术路径。而 3 号楼未来住宅探讨了新一代居住建筑形式，以更智慧、拟人的方式积极响应了居住者的需求。

南京江北新区人才公寓（1号地块）项目将低碳建筑探索贯穿于规划设计到项目落地的全过程中，围绕规划设计、技术应用、管理实施等方面进行了诸多创新实践。

1. 深入实践绿色低碳的"正向设计"

传统绿色建筑设计总体上处于粗放状态，各专业参与设计不同步，而建筑设计过程信息传递方式又呈现递进式特征，导致建筑绿色低碳设计具有明显的滞后性，从而带来了不必要的设计冲突和变更调整。南京江北新区人才公寓（1号地块）项目在立项初期就制定了较高的绿色低碳建筑目标。为保障项目的成功实施，在建筑方案阶段就同步开展了绿色低碳方案研究与专项策划。项目从主体结构、内外界面再到功能空间、材料应用，都积极强调建筑设计师的绿色设计，使得项目在雏形阶段就能够注入低碳基因，避免了绿色低碳技术机械生硬的堆砌。以绿色低碳为导向的"正向设计"实践，有效推动了建筑与各项绿色低碳要素有机结合，保障各参与专业的协同联动，达到以建筑师为主导、因地制宜的整合设计目标。

2. 灵活打造可再生能源与建筑的"全面一体化"

如何将可再生能源设备设施与建筑充分整合，甚至将其融合成为建筑形体的组成部分，已成为时下较为火热的研究课题。南京江北新区人才公寓（1号地块）项目从表皮一体化、性能一体化、系统一体化三个角度出发，灵活打造了可再生能源与建筑的全面一体化。

1）表皮一体化

将可再生能源系统作为一种元素与建筑物集成在一起，使可再生能源系统与建筑表皮成为一个有机的整体，实现建筑审美的协调统一。南京江北新区人才公寓（1号地块）项目分别将光伏作为建筑的屋面（12号楼）、幕墙（3号楼）、遮阳构件（9号楼），使光伏板成为一种新的建筑表皮形式，实现艺术与技术的结合，展现建筑的时代性及技术性。

2）性能一体化

可再生能源系统除发电、制热水功能外，还能充当建筑构件，如外围护结构、遮阳构件等，最大程度发挥可再生能源系统性能。12号楼社区中心光伏屋面除发电功能外，还实现遮阳、遮风挡雨的作用。3号楼未来住宅将光伏内嵌在幕墙系统的中空夹层中，与楼板位置重合，避免对室内采光造成影响。9号楼L形公寓结合夏热冬冷地区太阳光照射特征设置固定遮阳系统，并在表面集成光伏板，在保证遮阳功能的同时有效吸收太阳能发电。

3）系统一体化

系统一体化是指合理配置建筑用能系统，最大程度消纳可再生能源。南京江北新区人才公寓（1号地块）项目在全国范围内首次将直流微电网应用在住区，探索了"光储直柔"新型用能模式，直流设备末端直接应用光伏产生的直流电能，同时集成智慧储能、能源管理等功能，建立了分布式微电网系统。项目清洁能源不仅可以实现建筑能源自给，还可以给社区的电动汽车进行充电。

3. 探索因地制宜的零碳建筑技术体系

南京江北新区人才公寓（1号地块）项目12号楼社区中心作为江苏省第一栋木结构零碳建筑，已获得全国首个零能耗建筑认证。项目通过采用新型木结构体系，以可再生能源建筑一体化、低碳建材应用为重点，因地制宜地实践了全生命周期低碳建筑技术，目前已成为江北新区的绿色生态展示中心，也是周边社区的文化驿站、绿色地标（图5-1）。

图5-1　12号楼社区中心木结构实景图

4. 凝聚全球众创设计智慧的"集成平台"

在当今全球化浪潮下，建筑应是集中展示设计、科技、艺术、创意和智慧的"舞台"。在能源和环境等外部性压力推动下，人类对体验感、舒适性、个性化的不断追求，驱动着建筑必须更开放地融入新技术、新理念、新方法，摆脱闭门造车"窘境"，创造更具想象力、更高技术应用水平的先锋建筑作品。南京江北新区人才公寓（1号地块）项目3号楼未来住宅在初期采取"国际竞赛"的方式号召全球设计师共同参与方案创作，将项目打造成一个开放平台，各类专家学者结合自身研究发挥所长，实现了国际多领域、多学科的协同合作，创建了一种全球化的设计共创机制。通过竞赛，进一步推动了产、学、研、用一体化进程，促进了更具创意、示范的成果转化到实践中，3号楼未来住宅也从竞赛方案中汲取亮点，兼顾了前沿性和实操性，展现了高水准的设计理念。

5. 以设计为引领的工程总承包（EPC）全过程服务模式

与传统建筑相比，低碳建筑具有专业性强、质量标准高、控制指标多、技术实施难点大等特点，因此工程建设过程需要更系统、更具整合能力的全流程技术服务团队。南京江北新区人才公寓（1号地块）项目采用工程总承包（EPC）模式，安排专业团队跟踪工程项目的设计、采购、施工、试运行等建设全流程，并对承包工程的质量、安全、工期、造价全面负责。在工程总承包全流程服务的支持下开展低碳建筑建设，有利于在设计、采购、施工中的全过程中对绿色低碳技术细节进行质量把控和整体优化，加强设计与施工的充分衔接，在建设过程中针对实施过程中的问题导及时做出响应和调整，有效推动低碳实施方案的落地，从而保障建筑低碳目标的实现。

5.2　社会示范

自南京江北新区人才公寓（1号地块）项目实施以来，各级政府部门、企事业单位、科研院校及行业专家学者多次前往项目现场参观和交流。南京江北新区人才公寓（1号地块）项目在绿色建筑科技，尤其是零碳建筑领域的探索实践引起了行业内广泛讨论，备受媒体的关注。人民网、中国建设报、南京日报、扬子晚报等媒体多次对本项目进行了报道。

2018年，"下一代建筑"发展计划暨"下一代建筑"全球创新大奖之"智慧树：垂直社区的未来生活"竞赛项目登录威尼斯双年展，向全球发布。赛事以南京江北新区人才公寓3号楼未来住宅作为竞赛范围，向世界征询并共同探索未来人类的居住生活模式，推动具有时代意义的下一代建筑的发展。

通过赛事策划、学术研讨、项目观摩以及新闻宣传等方式，南京江北新区人才公寓（1号地块）项目充分发挥示范引领作用，激发行业低碳新兴技术研讨，带动新区低碳建筑普及应用。同时，作为社区文化载体，项目凭借具有先锋设计风格的建筑实体，向社会生动展示低碳建筑理念和创新技术，倡导低碳生活，鼓励更多民众参与到节能低碳、保护环境的行动中来，起到了良好的社会宣传推广效果（图5-2）。

中建集团调研考察

江苏省住房和城乡建设厅调研考察

江苏省碳达峰目标下城乡建设
绿色发展现场观摩活动

江苏省建筑科学研究院参观考察

四川什邡市调研考察

全省质量观摩活动

江苏省建筑施工智慧工地现场观摩

国家标准化管理协会现场观摩

第十五届国际绿色建筑与建筑节能大会

第十六届国际绿色建筑与建筑节能大会

第十七届国际绿色建筑与建筑节能大会

江苏省装饰装修精品工程交流暨
装配式装饰工程实践现场观摩会

南京市台湾同胞投资企业协会考察

江苏省建设工程造价管理总站调研

图 5-2 社会示范

5.3　愿景展望

南京江北新区人才公寓（1号地块）项目是江北新区低碳建筑的一次尝试与实践，受限于项目自身的建设条件、功能业态以及相关产业发展水平等因素，对于低碳建筑技术体系发展的探索仍不够全面。然而由点向面，随着各类产品技术的快速进展，建筑迈向全面低碳化已是大势所趋。

1. 绿色建材产品体系助力低碳建筑规模化、高质量发展

随着低碳建筑的体系不断发展，对于更高性能技术与产品的需求也不断增加。为了保障建筑低碳设计目标的实施落地，绿色建筑相关产业，尤其是绿色建材产业的支撑必不可少。绿色建材的应用决定着建筑隐含碳水平，是建筑深入挖掘全生命周期碳减排潜力的关键环节。目前绿色建材产业发展水平还较为滞后，产品品类较少，相关认证推广度不足，难以满足低碳建筑的应用需求。因此，建立健全更为完备的绿色建材体系，对于推动低碳建筑规模化、高质量发展，有着不可替代的重要作用。

2. "光储直柔" 转变建筑能源消费终端角色

建筑在构建现代能源体系中发挥着不可替代的作用。目前建筑已从传统能源消费者转变为能源产消者，而"光储直柔"技术为建筑在城市能源体系中发挥更重要的角色作用提供了关键性的支撑。

"光储直柔"系统要求在建筑表面安装光伏发电系统，同时在建筑内部布置储能装置和充电桩，利用智能化装置控制充放电，并采用直流配电系统，使建筑成为电力自发自用的柔性负载，让建筑实现能源生产、消费和储存调节的三位一体。"光储直柔"系统将建筑可再生能源应用进行提档升级，解决分布式可再生能源供需失配问题，促进清洁能源灵活消纳，从而推动建筑新型电力系统发展，并协同电网实现综合效益提升，形成建筑运行降碳的系统性解决方案。

3. 保温一体化技术体系发展进一步保障围护结构性能提升

外墙保温系统是实现建筑被动节能的关键技术产品。目前我国应用最为广泛的外墙保温系统是外墙外保温系统，但近年来外保温系统造成的火灾、脱落等事故频频发生。"3060"双碳目标下建筑节能标准进一步提升，这意味着保温厚度的增加。如果不能解决保温体系耐久、防火等问题，外墙外保温系统对于人民财产安全将是巨大隐患。

在此背景下，保温一体化技术聚焦于解决保温系统安全耐久性的痛点问题。目前主流的结构保温一体化外墙体系主要有预制混凝土夹心保温外墙板系统、预制混凝土反打保温外墙板系统、现浇混凝土复合保温模板外墙保温系统、保温装饰板外保温系统等。随着人口红利的消失，人工费用将大幅提升，未来装配式建筑将和外墙保温同步发展，外墙保温和外墙装配式构件结合在一起，在工厂完成生产，在现场以机械化安装，实现建筑的工业化转型。推广应用建筑墙体保温与结构一体化技术，是推动我国建筑节能深入发展的迫切需要，是确保建筑工程质量安全的重要举措，也是提升我国建筑行业发展水平的有效途径。

4. 百年住宅技术体系提供未来人居可持续发展的整体解决方案

我国普通住宅设计使用年限一般为 50 年，而平均实际使用寿命只有 30～40 年，远低于发达国家。建筑使用寿命的不足必然带来城市重复建设。这种大拆大建不仅会造成巨额的经济损失，更会带来长期资源浪费、能耗攀升的困境，制约我国建筑业和社会经济的可持续发展。

推进建筑长寿化是实现我国住宅产业可持续发展的必由之路。百年住宅技术采用 SI 建筑设计理念，运用高耐久性的结构系统和高适变性的建筑体，将住宅的使用寿命延长到百年。百年住宅采用标准化的部件部品，形成标准化的内装模块、功能模块、套型模块，在此基础上进行组合，形成多样化的建筑成品。针对未来动态变化的居住场景和需求，百年住宅在空间上还可以进行灵活变化。发展并推广百年住宅技术体系，不仅会有效降低城市建筑因快速更新迭代产生的碳排放，同时也会给社会提供更为优质的住宅产品。

参 考 文 献

［1］bp Statistical Review of World Energy（2022）［R/OL］. 71st ed. ［2023-11-01］. https://www.bp. com/.

［2］中华人民共和国国务院新闻办公室. 中国应对气候变化的政策与行动［EB/OL］. （2021-10-27）. http://www. gov. cn/zhengce/2021/10/27/content_5646697. htm.

［3］中国建筑节能协会建筑能耗与碳排放数据专委会. 2022 中国建筑能耗与碳排放研究报告［R］. 重庆，2022.

［4］王庆一. 2021 能源数据［R］. 北京：绿色创新发展中心，2021.

［5］陈冰，康健. 英国低碳建筑：综合视角的研究与发展［J］. 世界建筑，2010（2）：54-59.

［6］蒋路. 欧洲低碳建筑发展及其技术应用研究［D］. 天津：河北工业大学，2012.

［7］张东雨，杨秀，孙昕宇. 基于中美对比的建筑节能减排政策与机制研究［J］. 建设科技，2019（18）：12-19.

［8］赵黛青，张哺，蔡国田. 低碳建筑的发展路径研究［J］. 建筑经济，2010，31（2）：47-49.

［9］林波荣，侯恩哲. 今日谈"碳"：建筑业"能""碳"双控路径探析（1）［J］. 建筑节能（中英文），2021，49（5）：1-5.

［10］党冰，房小怡，吕红亮，等. 基于气象研究的城市通风廊道构建初探：以南京江北新区为例［J］. 气象，2017，43（9）：1130-1137.

［11］上海市建筑科学研究院有限公司，中国建筑设计研究院有限公司，同济大学，等. 适应夏热冬冷气候的绿色公共建筑设计导则［M］. 北京：中国建筑工业出版社，2021.

［12］姚玉璧，郑绍忠，杨扬，等. 中国太阳能资源评估及其利用效率研究进展与展望［J］. 太阳能学报，2022，43（10）：524-535.

［13］曾燕，王珂清，谢志清，等. 江苏省太阳能资源评估［J］. 大气科学学报，2012，35（6）：658-663.

［14］江亿. 建筑领域的低碳发展路径［J］. 建筑，2022（14）：50-51.

［15］江亿，胡姗. 中国建筑部门实现碳中和的路径［J］. 暖通空调，2021，51（5）：1-13.

［16］李兵. 低碳建筑技术体系与碳排放测算方法研究［D］. 武汉：华中科技大学，2012.

［17］罗智星，杨柳，刘加平，等. 建筑材料 CO_2 排放计算方法及其减排策略研究［J］. 建筑科学，2011，27（4）：1-8.

［18］崔愷，刘恒. 绿色建筑设计导则：建筑专业［M］. 北京：中国建筑工业出版社，2021.

［19］欧晓星. 低碳建筑设计评估与优化研究［D］. 南京：东南大学，2016.

［20］住房和城乡建设部科技与产业化发展中心（住房和城乡建设部住宅产业化促进中心）. 建筑领域碳达

峰碳中和实施路径研究[M].北京：中国建筑工业出版社,2021.

[21] 吴紫琪.基于低碳理念的城市住区绿化空间设计优化策略：以西安市高新区为例[D].西安：西安建筑科技大学,2018.

[22] 王丽勉,胡永红,秦俊,等.上海地区151种绿化植物固碳释氧能力的研究[J].华中农业大学学报,2007,26(3)：399-401.

[23] 褚英男,宋晔皓,孙菁芬,等.近零能耗导向的光伏建筑一体化设计路径初探[J].建筑学报,2019(S2)：35-39.

[24] 华东建筑集团股份有限公司.可再生能源建筑一体化利用关键技术研究[M].上海：同济大学出版社,2018.

[25] 邱立岗,祝侃.零碳目标下的可持续建筑设计实例[J].建筑技术,2022,53(3)：290-293.

[26] 祝侃,唐觉民,姜楠,等.零碳建筑技术在社区服务中心的应用实践[J].建筑节能,2019,47(9)：11-16.

[27] 汤昱泽,孙昱晨,于江,等.EPC模式下BIM全过程实践：以南京江北新区人才公寓(一号地块)为例[J].土木建筑工程信息技术,2020,12(6)：49-58.

[28] 张孝存.建筑碳排放量化分析计算与低碳建筑结构评价方法研究[D].哈尔滨：哈尔滨工业大学,2018.

[29] 尚春静,储成龙,张智慧.不同结构建筑生命周期的碳排放比较[J].建筑科学,2011,27(12)：66-70.

[30] 江亿.光储直柔：助力实现零碳电力的新型建筑配电系统[J].暖通空调,2021,51(10)：1-12.

[31] 刘晓华,张涛,刘效辰,等."光储直柔"建筑新型能源系统发展现状与研究展望[J].暖通空调,2022,52(8)：1-9.

[32] 祝侃,赵学斐,裴小明.高层可变住宅设计探索与实践：以南京江北新区人才公寓为例[J].华中建筑,2020,38(9)：38-42.

[33] 裴小明.以江北新区人才公寓为例谈健康住宅设计[J].山西建筑,2020,46(3)：7-9.

[34] 秦姗.基于SI体系的可持续住宅理论研究与设计实践[D].北京：中国建筑设计研究院,2014.

[35] 薛进军.关于气候风险、环境危机与能源安全的思考[J].环境保护,2021,49(8)：9-14.

附录一 12号楼社区中心碳排放计算报告

一、项目概述

碳排放核算项目为江北新区人才公寓（1号地块）项目12号楼社区中心，位于江苏省南京市江北新区，项目地块东北侧为珍珠南路，西北侧临水，西南侧为吉庆路，东南侧为明辉路。12号楼社区中心建筑地上共3层，总高度14.4 m，总建筑面积为2376 m²。建筑的主要功能为社区服务、物业管理和绿色低碳技术展示，一层主要为绿色低碳技术展示、社区服务和办公，二层主要为社区活动和会议室，三层主要为物业管理办公。建筑结构形式为木结构，设计使用年限为50年。

二、参照标准

本报告以《建筑碳排放计算标准》（GB/T 51366—2019）为依据，碳排放计算边界如表1所示，统计建筑建材生产及运输、建造及拆除、运行等活动相关的CO_2排放总和。

表1　碳排放计算边界

计算边界		计算内容
建材生产及运输		包括建筑主体结构材料、建筑围护结构材料、建筑构件和部品等建材生产及运输产生的碳排放
建造及拆除	建造	包括完成各分部分项工程施工产生的碳排放和各项措施项目实施过程产生的碳排放
	拆除	包括人工拆除和使用小型机具机械拆除使用的机械设备消耗的各种能源动力所产生的碳排放
运行		包括暖通空调、生活热水、照明及电梯、可再生能源、建筑碳汇系统在建筑运行期间产生的碳排放量

三、计算结果

3.1 建材生产阶段

如表2所述，该项目建材生产阶段总碳排放量为886.62 t，单位建筑面积碳排放为373.16 $kgCO_2/m^2$。

表 2　建材生产阶段碳排放计算清单

序号	名称	工程量	单位	碳排放因子	单位	碳排放总量/t
1	入口门头胶合木装饰构件	7.390	m^3	73.9	$kgCO_2e/m^3$	0.55
2	胶合木梁	969.170	m^3	73.9	$kgCO_2e/m^3$	71.62
3	胶合木梁-异形梁	118.620	m^3	73.9	$kgCO_2e/m^3$	8.77
4	胶合木柱	97.360	m^3	73.9	$kgCO_2e/m^3$	7.19
5	胶合木柱-异形柱	65.200	m^3	73.9	$kgCO_2e/m^3$	4.82
6	外装饰胶合木	150.840	m^3	73.9	$kgCO_2e/m^3$	11.15
7	铝合金窗	765.430	m^2	194	$kgCO_2e/m^2$	148.49
8	岩棉	3.910	t	1980	$kgCO_2e/t$	7.74
9	XPS 聚苯乙烯挤塑板	3.910	t	5 020	$kgCO_2e/t$	19.63
10	M5 混合砂浆（散装干拌砂浆）	35.923	t	236	$kgCO_2e/t$	8.48
11	水泥砂浆 1∶2（散装干拌砂浆）	19.679	t	405	$kgCO_2e/t$	7.97
12	SBS 聚酯胎乙烯膜卷材（δ4 mm）	1 198.375	m^2	0.54	$kgCO_2e/m^2$	0.65
13	SBS 聚酯胎乙烯膜卷材（δ3mm）	3 307.625	m^2	0.54	$kgCO_2e/m^2$	1.79
14	水	3 162.447	t	0.168	$kgCO_2e/t$	0.53
15	型钢	71.280	t	2 050	$kgCO_2e/t$	146.12
16	等边角钢	9.180	t	2 050	$kgCO_2e/t$	18.82
17	钢丸	2.400	t	2 050	$kgCO_2e/t$	4.92
18	铁钉	0.540	t	2 190	$kgCO_2e/t$	1.18
19	垫铁	0.490	t	2 190	$kgCO_2e/t$	1.07
20	镀锌连接铁件	3.890	t	2 200	$kgCO_2e/t$	8.56
21	圆钢 φ10～14	0.150	t	2 050	$kgCO_2e/t$	0.31
22	圆钢 φ5.5～9	0.310	t	2 050	$kgCO_2e/t$	0.64
23	角钢	0.080	t	2 050	$kgCO_2e/t$	0.16

（续表）

序号	名称	工程量	单位	碳排放因子	单位	碳排放总量/t
24	扁钢<－59	0.510	t	2 050	$kgCO_2e/t$	1.05
25	钢管支撑	1.750	t	2 050	$kgCO_2e/t$	3.59
26	水泥 32.5 级	0.063	t	977	$kgCO_2e/t$	0.06
27	热镀锌钢管 DN25	0.759	t	2 200	$kgCO_2e/t$	1.67
28	热镀锌钢管 DN32	0.711	t	2 200	$kgCO_2e/t$	1.56
29	热镀锌钢管 DN40	0.406	t	2 200	$kgCO_2e/t$	0.89
30	热镀锌钢管 DN50	0.556	t	2 200	$kgCO_2e/t$	1.22
31	热镀锌钢管 DN80	0.882	t	2 200	$kgCO_2e/t$	1.94
32	热镀锌钢管 DN100	3.436	t	2 200	$kgCO_2e/t$	7.56
33	热镀锌钢管 DN150	1.914	t	2 200	$kgCO_2e/t$	4.21
34	裸铜线 10 mm^2	7.130	kg	2 190	$kgCO_2e/t$	15.61
35	裸铜线 6 mm^2	0.160	kg	2 190	$kgCO_2e/t$	0.35
36	焊接钢管 DN20	0.113	t	2 200	$kgCO_2e/t$	0.25
37	焊接钢管 DN25	0.414	t	2 200	$kgCO_2e/t$	0.91
38	焊接钢管 DN32	0.076	t	2 200	$kgCO_2e/t$	0.17
39	焊接钢管 DN40	0.163	t	2 200	$kgCO_2e/t$	0.36
40	焊接钢管 DN50	1.958	t	2 200	$kgCO_2e/t$	4.31
41	焊接钢管 DN80	0.052	t	2 200	$kgCO_2e/t$	0.11
42	防锈漆	415.047	kg	6 550	$kgCO_2e/t$	2.72
43	防火涂料	766.500	kg	6 550	$kgCO_2e/t$	5.02
44	光伏组件	345	kWp	1.02	t/kWp	351.9
总计						886.62
折合单位建筑面积碳排放/（$kgCO_2/m^2$）						373.16

3.2 建材运输阶段

如表3所述，该项目建材运输阶段总碳排放量为133.92 t，单位建筑面积碳排放为56.36 kgCO$_2$/m^2。

表3 建材运输阶段碳排放计算清单

序号	名称	工程量	单位	运输种类	运输距离/km	碳排放因子/[kgCO$_2$e/（t·km）]	碳排放总量/t
1	入口门头胶合木装饰构件	4.80	t	集装箱船运输	11 400	0.012	0.66
2	胶合木梁	629.96	t	集装箱船运输	11 400	0.012	86.18
3	胶合木梁-异形梁	77.10	t	集装箱船运输	11 400	0.012	10.55
4	胶合木柱	63.28	t	集装箱船运输	11 400	0.012	8.66
5	胶合木柱-异形柱	42.38	t	集装箱船运输	11 400	0.012	5.80
6	外装饰胶合木	98.05	t	集装箱船运输	11 400	0.012	13.41
7	铝合金窗	6.28	t	中型汽油货车运输	500	0.115	0.36
8	岩棉	3.91	t	中型汽油货车运输	500	0.115	0.22
9	XPS聚苯乙烯挤塑板	3.91	t	中型汽油货车运输	500	0.115	0.22
10	M5混合砂浆（散装干拌砂浆）	35.92	t	中型汽油货车运输	40	0.115	0.17
11	水泥砂浆1:2（散装干拌砂浆）	19.68	t	中型汽油货车运输	40	0.115	0.09
12	SBS聚酯胎乙烯膜卷材（δ4 mm）	3.48	t	中型汽油货车运输	500	0.115	0.20
13	SBS聚酯胎乙烯膜卷材（δ3 mm）	6.95	t	中型汽油货车运输	500	0.115	0.40
14	型钢	71.28	t	中型汽油货车运输	500	0.115	4.10
15	等边角钢	9.18	t	中型汽油货车运输	500	0.115	0.53
16	钢丸	2.40	t	中型汽油货车运输	500	0.115	0.14
17	铁钉	0.54	t	中型汽油货车运输	500	0.115	0.03
18	垫铁	0.49	t	中型汽油货车运输	500	0.115	0.03
19	镀锌连接铁件	3.89	t	中型汽油货车运输	500	0.115	0.22
20	圆钢φ10～14	0.15	t	中型汽油货车运输	500	0.115	0.01

(续表)

序号	名称	工程量	单位	运输种类	运输距离/km	碳排放因子/[kgCO₂e/(t·km)]	碳排放总量/t
21	圆钢 φ5.5～9	0.31	t	中型汽油货车运输	500	0.115	0.02
22	角钢	0.08	t	中型汽油货车运输	500	0.115	0.00
23	扁钢＜－59	0.51	t	中型汽油货车运输	500	0.115	0.03
24	钢管支撑	1.75	t	中型汽油货车运输	500	0.115	0.10
25	水泥 32.5 级	0.06	t	中型汽油货车运输	500	0.115	0.00
26	热镀锌钢管 DN25	0.76	t	中型汽油货车运输	500	0.115	0.04
27	热镀锌钢管 DN32	0.71	t	中型汽油货车运输	500	0.115	0.04
28	热镀锌钢管 DN40	0.41	t	中型汽油货车运输	500	0.115	0.02
29	热镀锌钢管 DN50	0.56	t	中型汽油货车运输	500	0.115	0.03
30	热镀锌钢管 DN80	0.88	t	中型汽油货车运输	500	0.115	0.05
31	热镀锌钢管 DN100	3.44	t	中型汽油货车运输	500	0.115	0.20
32	热镀锌钢管 DN150	1.91	t	中型汽油货车运输	500	0.115	0.11
33	裸铜线 10 mm²	0.01	t	中型汽油货车运输	500	0.115	0.00
34	裸铜线 6 mm²	0.00	t	中型汽油货车运输	500	0.115	0.00
35	焊接钢管 DN20	0.11	t	中型汽油货车运输	500	0.115	0.01
36	焊接钢管 DN25	0.42	t	中型汽油货车运输	500	0.115	0.02
37	焊接钢管 DN32	0.08	t	中型汽油货车运输	500	0.115	0.00
38	焊接钢管 DN40	0.16	t	中型汽油货车运输	500	0.115	0.01
39	焊接钢管 DN50	1.96	t	中型汽油货车运输	500	0.115	0.11
40	焊接钢管 DN80	0.05	t	中型汽油货车运输	500	0.115	0.00
41	防锈漆	0.42	t	中型汽油货车运输	500	0.115	0.02
42	防火涂料	0.77	t	中型汽油货车运输	500	0.115	0.04
43	光伏组件	19.01	t	中型汽油货车运输	500	0.115	1.09
总计							133.92
折合单位建筑面积碳排放/(kgCO₂/m²)							56.36

3.3 建造施工阶段

如表 4 所述，该项目建造施工阶段总碳排放量为 106.8 t，单位建筑面积碳排放为 44.95 kgCO₂/m²。

表 4 建造施工碳排放计算清单

序号	施工机械名称	性能规格		台班数	单位能源用量			能源碳排放因子/(kgCO₂e/单位)			碳排放总量/t
					汽油/kg	柴油/kg	电/kWh	汽油	柴油	电	
1	交流弧焊机	容量	21 kVA	15.270	—	—	60.27	—	—	0.703 5	0.65
2	交流弧焊机	容量	32 kVA	586.103	—	—	96.53	—	—	0.703 5	39.80
3	交流弧焊机	容量	40 kVA	380.583	—	—	132.23	—	—	0.703 5	35.40
4	履带式单斗挖掘机（液压）	斗容量	1 m³	12.654	—	63.00	—	—	3.8	—	3.03
5	电动单筒快速卷扬机	牵引力	10 kN	86.663	—	—	32.90	—	—	0.703 5	2.01
6	自卸汽车	装载质量	5 t	44.336	31.34	—	—	2.928 6	—	—	4.07
7	抛丸除锈机	直径	219 mm	24.531	—	—	34.26	—	—	0.703 5	0.59
8	半自动切割机	厚度	100 mm	47.824	—	—	98.00	—	—	0.703 5	3.30
9	钢筋切断机	直径	40 mm	14.960	—	—	32.10	—	—	0.703 5	0.34
10	钢筋弯曲机	直径	40 mm	18.650	—	—	12.80	—	—	0.703 5	0.17
11	履带式起重机	提升质量	15 t	47.965	—	—	29.52	—	—	0.703 5	1.00
12	履带式推土机	功率	75 kW	0.672	—	56.50	—	—	3.8	—	0.14
13	履带式推土机	功率	105 kW	0.879	—	60.80	—	—	3.8	—	0.20
14	电动夯实机	夯击能力	20~62 N·m	0.783	—	—	16.60	—	—	0.703 5	0.01
15	灰浆搅拌机	拌筒容量	200 L	0.003	—	—	8.61	—	—	0.703 5	0.00
16	木工圆锯机	直径	500 mm	37.981	—	—	24.00	—	—	0.703 5	0.64
17	对焊机	容量	75 kVA	2.363	—	—	122.00	—	—	0.703 5	0.20
18	汽车吊	提升质量	12 t	130.000	30.21	—	—	2.928 6	—	—	15.09
19	洒水车	罐容量	4 000 L	1.796	—	30.55	—	—	3.8	—	0.16
总计											106.80
折合单位建筑面积碳排放/(kgCO₂/m²)											44.95

3.4　建筑使用阶段

根据国家《建筑碳排放计算标准》（GB/T 51366—2019）条文 4.1.4 的规定，建筑各系统的碳排放量应根据各系统不同类型能源消耗量和不同类型能源的碳排放因子确定，建筑使用阶段单位建筑面积的总碳排放量 C_{SY} 应按下式计算（计算年限为 50 a）：

$$C_{SY} = \frac{(c_h + c_c + c_w + c_l + c_{re}) \times 50}{A}$$

式中：C_{SY}——建筑使用阶段单位建筑面积碳排放量（$kgCO_2/m^2$）；

　　　c_h——建筑供暖系统年碳排放量（$kgCO_2/a$）；

　　　c_c——建筑空调系统年碳排放量（$kgCO_2/a$）；

　　　c_w——建筑生活热水系统年碳排放量（$kgCO_2/a$）；

　　　c_l——建筑照明系统年碳排放量（$kgCO_2/a$）；

　　　c_{re}——可再生能源系统年碳减排放量（$kgCO_2/a$）；

　　　A——建筑面积（m^2）。

1. 建筑用能

采用 PKPM 软件对本建筑全年暖通空调、照明和设备系统能耗进行模拟。模拟结果如表 5 所示，根据国家发展和改革委员会公布的全国电网平均碳排因子，计算得到该建筑单位建筑面积年碳排放量如下：

$$C_M = \sum_{i=1}^{n} (E_i EF_i - C_p)$$

式中：C_M——建筑运行阶段年均单位建筑面积碳排放量［$kWh/(m^2 \cdot a)$］；

　　　E_i——建筑第 i 类能源年消耗量（单位/a）；

　　　EF_i——第 i 类能源的碳排放因子，项目运行阶段能源为电力，取 $0.581\,kgCO_2/$单位用电量；

　　　i——建筑终端能源类型，该项目只有电力；

　　　C_p——建筑绿地碳汇系统年减碳量（$kgCO_2/a$）。

表 5　建筑使用阶段建筑能耗及碳排放指标汇总

用能类型	年单位面积用电量 ／［$kWh/(m^2 \cdot a)$］	碳排放因子 ／（$kgCO_2/$单位用电量）	50 a 单位面积运行碳排放量／（$kgCO_2/m^2$）
暖通空调系统	20.9	0.581	607.15
照明系统	12.0	0.581	348.60
其他设备系统	11.0	0.581	319.55
总计	43.9	—	1 275.30

综合表 5 所述，该建筑单位建筑面积年用电量为 43.9 kWh/（m² · a），50 a 合计单位建筑面积碳排放为 1 275.3 kgCO₂/m²。

2. 可再生能源系统发电量

结合光伏实际运行数据核算，项目光伏年发电量约 22.93×10⁴ kWh，折合 96.51 kWh/（m² · a），50 年合计单位建筑面积减碳量为 2 803.62 kgCO₂/m²。

3.5 建筑拆除阶段

建筑拆除阶段包括建筑拆除过程的现场施工、运输建筑垃圾、建筑垃圾废弃处理等过程。因此这个阶段的碳排放包括拆除和废弃两个部分。

1. 拆除

由于目前缺乏相关方面的实际统计数据，故该阶段碳排放按建造施工过程碳排放总量的 90% 进行计算。该阶段 CO_2 排放公式计算如下：

$$C_{拆除} = C_{施工} \times 90\%$$

因此，该项目拆除阶段的碳排放可估算为 40.46 kgCO₂/m²。

2. 废弃

建筑废弃阶段所消耗的主要为运输建筑垃圾工具消耗的能源，由此产生的 CO_2 排放的计算公式如下：

$$C_{废弃} = A \times \alpha \times L \times T_c$$

式中：A——建筑面积（m²）；

α——建筑垃圾率系数，见表 6；

L——运输距离（从工地到建筑垃圾处理厂距离）（km）；

T_c——运输工具的 CO_2 排放因子，取 0.675 kgCO₂e/（km · t）（柴油车，计算方法同建材运输阶段）。

表 6 我国拆毁建筑垃圾产率系数 单位：kg/m²

分类	废钢	废混凝土砂石	废砖	废玻璃	可燃废料	总计
混合	13.8	894.3	400.8	1.7	25	1 335.6
钢混	18	1 494.7	233.8	1.7	25	1 773.2
砖木	1.4	482.2	384.1	1.8	37.2	906.7
钢	29.2	651.3	217.1	2.6	7.9	908.1

建筑垃圾产率按照砖木结构计算，运输距离按照 30 km 取值，可估算出废弃阶段碳排放为 18.36 kgCO₂/m²。

3）合计

综上所述，建筑拆除阶段的单位建筑面积碳排放为 58.82 $kgCO_2/m^2$。

3.6 碳排放计算结果

本项目全生命周期碳排放计算数据汇总如表 7 所示：

表 7 建筑全生命周期碳排放计算结果

项目	碳排放/（$kgCO_2/m^2$）	全生命周期占比/%
建材生产阶段	373.16	20.63
建材运输阶段	56.36	3.12
建造施工阶段	44.95	2.49
建筑使用阶段	1 275.30	70.51
建筑拆除阶段	58.82	3.25
碳排放量	1 808.59	
减碳量	2 803.62 $kgCO_2/m^2$	
全生命周期碳排放总计	$<$0 $kgCO_2/m^2$	

根据上述碳排放计算结果，该建筑 50 a 碳排放量为 1 808.59 $kgCO_2/m^2$，太阳能光伏可实现 2 803.62 $kgCO_2/m^2$ 的减碳效果，总计全生命周期碳排放量小于 0，判定可以实现建筑全生命周期零碳排放目标。

附录二 3号楼未来住宅碳排放计算报告

一、项目概述

碳排放核算项目为江北新区人才公寓项目（1号地块）3号楼未来住宅，位于江苏省南京市江北新区。该项目为住宅，建筑地上共28层，地下2层，建筑总高度96.75 m，建筑面积2.4万 m^2。其中1～6层为共享空间，为居住者提供各类公共服务和休憩空间，通过开展国际竞赛的方式，采用了众创模式进行设计；7～28层为多变住宅空间，包含60～200 m^2 各面积段的多样户型，并设有层高6.6 m的空中花园。建筑为钢框架-混凝土剪力墙组合结构体系，设计使用年限为100年。

二、参照标准

本报告以《建筑碳排放计算标准》（GB/T 51366—2019）为依据，计算边界如表1所示，统计建筑建材生产及运输，建造及拆除、运行等活动相关的 CO_2 排放总和。

表1 碳排放计算边界

计算边界		计算内容
建材生产及运输		包括建筑主体结构材料、建筑围护结构材料、建筑构件和部品等建材生产及运输产生的碳排放
建造及拆除	建造	包括完成各分部分项工程施工产生的碳排放和各项措施项目实施过程产生的碳排放
	拆除	包括人工拆除和使用小型机具机械拆除使用的机械设备消耗的各种能源动力所产生的碳排放
运行		包括暖通空调、生活热水、照明及电梯、可再生能源、建筑碳汇系统在建筑运行期间产生的碳排放量

三、计算结果

3.1　建材生产阶段

如表 2、表 3 所述，该项目建材生产阶段土建、装修总碳排放量为 14 863.20 t，单位建筑面积碳排放为 619.30 $kgCO_2/m^2$。

表 2　建材生产阶段碳排放计算清单（土建部分）

序号	分部分项工程	材料名称	消耗量或工程量	单位	碳排放因子	单位	碳排放量/t
1	砌筑工程	蒸压砂加气混凝土砌块 B06	632.62	m^3	245	$kgCO_2e/m^3$	154.99
2		混凝土实心砖	0.72	m^3	336	$kgCO_2e/m^3$	0.24
3		ALC 板	3 324.35	m^3	212	$kgCO_2e/m^3$	704.76
4	混凝土工程	C20 混凝土	17.00	m^3	201.38	$kgCO_2e/m^3$	3.42
5		C25 混凝土	796.98	m^3	250.54	$kgCO_2e/m^3$	199.68
6		C30 混凝土	3 672.76	m^3	306.78	$kgCO_2e/m^3$	1126.73
7		C35 混凝土	110.27	m^3	322.86	$kgCO_2e/m^3$	35.60
8		C40 混凝土	1 295.39	m^3	351.03	$kgCO_2e/m^3$	454.72
9		C50 混凝土	1 098.97	m^3	385	$kgCO_2e/m^3$	423.10
10		C60 混凝土	1 331.73	m^3	398.64	$kgCO_2e/m^3$	530.88
11		装配式混凝土外挂墙板	519.33	m^3	593.15	$kgCO_2e/m^3$	308.04
12	钢结构工程	HRB400	564.59	t	2 350	$kgCO_2e/t$	1 326.79
13		钢柱	833.00	t	2 400	$kgCO_2e/t$	1 999.20
14		钢梁	1 322.00	t	2 400	$kgCO_2e/t$	3 172.80
15		零星构件	95.00	t	2 310	$kgCO_2e/t$	219.45
16		预埋铁件	30.00	t	1 700	$kgCO_2e/t$	51.00
17	门窗工程	钢制防火门	252.19	t	2 310	$kgCO_2e/t$	582.56
18		木质防火门	95.18	m^3	15	$kgCO_2e/m^3$	1.43
19		铝合金平开门 2.8 mm 双银 Low-E＋12Ar＋8 mm 高性能暖边中空钢化玻璃	97.81	m^2	254	$kgCO_2e/m^2$	24.84
20		8 mm 高透双银 Low-E 暖边＋12Ar＋8 mm＋19Ar＋8 mm 钢化中空玻璃	1 795.59	m^2	254	$kgCO_2e/m^2$	456.08
21		6 mm 高透双银 Low-E 暖边＋12Ar＋6 mm＋19Ar＋6 mm 钢化中空玻璃	445.6	m^2	254	$kgCO_2e/m^2$	113.18

（续表）

序号	分部分项工程	材料名称	消耗量或工程量	单位	碳排放因子	单位	碳排放量/t
22	门窗工程	8 mm Low-E+12A+8 mm 中空钢化玻璃	46.49	m²	254	kgCO₂e/m²	11.81
23		8 mm 高透双银暖边 Low-E+12Ar+8 mm 铯钾防火玻璃	128.1	m²	254	kgCO₂e/m²	32.54
24		5 mm 高透双银 Low-E 暖边+12Ar+5 mm+19Ar（百叶）+5 mm 钢化中空玻璃	2 551.14	m²	254	kgCO₂e/m²	647.99
25		5 mm 高透双银 Low-E 暖边+12Ar+5 mm+19Ar（百叶）+5 mm钢化中空铯钾玻璃	426.35	m²	254	kgCO₂e/m²	108.29
26		窗（5 mm 钢化玻璃）	77.07	m²	254	kgCO₂e/m²	19.58
27		背衬铝板	7 752.10	m²	8.06	kgCO₂e/m²	62.48
28		GRC 板材	6.73	m³	203	kgCO₂e/m³	1.37
29	保温、隔热工程	聚苯乙烯挤塑板	3.87	t	2 810	kgCO₂e/t	10.87
30		岩棉板	45.74	t	1 980	kgCO₂e/t	90.57
31	砂浆工程	M2.5 混合砂浆	3.23	m³	199.23	kgCO₂e/m³	0.64
32		M5 混合砂浆	65.91	m³	228.03	kgCO₂e/m³	15.03
33		1∶2 水泥砂浆	74.24	m³	531.52	kgCO₂e/m³	39.46
34		1∶2.5 水泥砂浆	356.64	m³	469.41	kgCO₂e/m³	167.41
35		1∶3 水泥砂浆	129.20	m³	393.65	kgCO₂e/m³	50.86
36		防水砂浆	15.29	m³	203.36	kgCO₂e/m³	3.11
37		石灰砂浆	12.01	m³	261.59	kgCO₂e/m³	3.14
38	光伏工程	光伏组件	45.24	kWp	1.02	tCO₂e/kWp	46.14
39	其他工程	铁钉	6.19	t	1 700	kgCO₂e/t	10.52
40		砌块墙钢丝网	8.11	t	2 050	kgCO₂e/t	16.63
41		中砂	67.26	t	2.51	kgCO₂e/t	0.17
42		碎石（5～40 mm）	74.86	t	3.100	kgCO₂e/t	0.23
43		水泥 32.5 级	81.08	t	632	kgCO₂e/t	51.24
总计							13 279.58

表3 建材生产阶段碳排放计算清单（装修部分）

序号	分部分项工程	材料名称	消耗量或工程量	单位	碳排放因子	单位	碳排放量/t
1	墙面	水泥基成品板墙面	46 594.79	m²	19.93	kgCO₂e/m²	928.63
2		钢骨架	49.53	t	2 050.00	kgCO₂e/t	101.54
3		保温材料（岩棉）	69.35	t	1 980.00	kgCO₂e/t	137.31
4		卷材防水	6 982.90	m²	12.95	kgCO₂e/m²	90.43
5	地面	实木地板	75.10	m²	74.02	kgCO₂e/m²	5.56
6		硅酸钙板	10 112.85	m²	0.27	kgCO₂e/m²	2.73
7		水泥基成品板地面	2 504.14	m²	19.93	kgCO₂e/m²	49.91
8		保温材料（XPS）	7.30	t	2 810.00	kgCO₂e/t	20.51
9		防水涂料	3.35	t	1 780.00	kgCO₂e/t	5.96
10		预制水磨石地面	154.52	m²	16.80	kgCO₂e/m²	2.60
11		仿石材地砖地面	53.99	m²	15.96	kgCO₂e/m²	0.86
12		石材地面	184.37	m²	5.65	kgCO₂e/m²	1.04
13	顶棚	双层9.5 mm石膏板	574.29	t	32.80	kgCO₂e/t	18.84
14		单层9.5 mm石膏板	326.26	t	32.80	kgCO₂e/t	10.70
15		单层12 mm石膏板	285.91	t	32.80	kgCO₂e/t	9.38
16		钢骨架	16.69	t	2 050.00	kgCO₂e/t	34.21
17		集成吊顶（铝扣板饰面）	2 615.25	m²	8.06	kgCO₂e/m²	21.08
18		无机涂料	6.93	t	1 780.00	kgCO₂e/t	12.34
19	门窗	木质门	101.82	m³	15.00	kgCO₂e/m³	1.53
20		室内木制防火门（内嵌防火材料）	85.36	t	1 027.00	kgCO₂e/t	87.66
21		阳台推拉门	743.04	m²	23.00	kgCO₂e/m²	17.09
22		玻璃隔断	20.98	t	1 130.00	kgCO₂e/t	23.71
总计							1 583.62

3.2 建材运输阶段

如表 4、表 5 所述，该项目建材运输阶段土建、装修总碳排放量为 906.21 t，单位建筑面积碳排放为 37.76 $kgCO_2/m^2$。

表 4 建材运输阶段碳排放计算清单（土建部分）

序号	分部分项工程	材料名称	消耗量或工程量	单位	运输种类	运输距离/km	碳排放因子/ [$kgCO_2e/(t \cdot km)$]	碳排放量/t
1	砌筑工程	蒸压砂加气混凝土砌块 B06	379.57	t	中型汽油货车运输	500	0.115	21.83
2		混凝土实心砖	1.30	t	中型汽油货车运输	500	0.115	0.07
3		ALC 板	1 994.61	t	中型汽油货车运输	500	0.115	114.69
4	混凝土工程	C20 混凝土	42.50	t	中型汽油货车运输	40	0.115	0.20
5		C25 混凝土	1 992.46	t	中型汽油货车运输	40	0.115	9.17
6		C30 混凝土	9 181.90	t	中型汽油货车运输	40	0.115	42.24
7		C35 混凝土	275.68	t	中型汽油货车运输	40	0.115	1.27
8		C40 混凝土	3 238.48	t	中型汽油货车运输	40	0.115	14.90
9		C50 混凝土	2 747.42	t	中型汽油货车运输	40	0.115	12.64
10		C60 混凝土	3 329.32	t	中型汽油货车运输	40	0.115	15.31
11		装配式混凝土外挂墙板	1 298.33	t	中型汽油货车运输	500	0.115	74.65
12	钢结构工程	HRB400	564.59	t	中型汽油货车运输	500	0.115	32.46
13		钢柱	833.00	t	中型汽油货车运输	500	0.115	47.90
14		钢梁	1 322.00	t	中型汽油货车运输	500	0.115	76.02
15		零星构件	95.00	t	中型汽油货车运输	500	0.115	5.46
16		预埋铁件	30.00	t	中型汽油货车运输	500	0.115	1.73

（续表）

序号	分部分项工程	材料名称	消耗量或工程量	单位	运输种类	运输距离/km	碳排放因子/[kgCO$_2$e/(t·km)]	碳排放量/t
17		钢制防火门	252.19	t	中型汽油货车运输	500	0.115	14.50
18		木质防火门	51.40	t	中型汽油货车运输	500	0.115	2.96
19		铝合金平开门 2.8 mm 双银 Low-E＋12Ar＋8 mm 高性能暖边中空钢化玻璃	6.85	t	中型汽油货车运输	500	0.115	0.39
20		8 mm 高透双银 Low-E 暖边＋12Ar＋8 mm＋19Ar＋8 mm 钢化中空玻璃	125.69	t	中型汽油货车运输	500	0.115	7.23
21		6 mm 高透双银 Low-E 暖边＋12Ar＋6 mm＋19Ar＋6 mm 钢化中空玻璃	31.19	t	中型汽油货车运输	500	0.115	1.79
22	门窗工程	8 mm Low-E＋12A＋8 mm 中空钢化玻璃	3.25	t	中型汽油货车运输	500	0.115	0.19
23		8 mm 高透双银暖边 Low-E＋12Ar＋8 mm 铯钾防火玻璃	8.97	t	中型汽油货车运输	500	0.115	0.52
24		5 mm 高透双银 Low-E 暖边＋12Ar＋5 mm＋19Ar（百叶）＋5 mm 钢化中空玻璃	178.58	t	中型汽油货车运输	500	0.115	10.27
25		5 mm 高透双银 Low-E 暖边＋12Ar＋5 mm＋19Ar（百叶）＋5 mm 钢化中空铯钾玻璃	29.84	t	中型汽油货车运输	500	0.115	1.72
26		窗（5 mm 钢化玻璃）	5.39	t	中型汽油货车运输	500	0.115	0.31
27		背衬铝板	25.12	t	中型汽油货车运输	500	0.115	1.44
28		GRC 板材	12.11	t	中型汽油货车运输	500	0.115	0.70

（续表）

序号	分部分项工程	材料名称	消耗量或工程量	单位	运输种类	运输距离/km	碳排放因子/［kgCO₂e/（t·km）］	碳排放量/t
29	保温、隔热工程	聚苯乙烯挤塑板	3.87	t	中型汽油货车运输	500	0.115	0.22
30		岩棉板	45.74	t	中型汽油货车运输	500	0.115	2.63
31	砂浆工程	M2.5 混合砂浆	5.82	t	中型汽油货车运输	500	0.115	0.33
32		M5 混合砂浆	118.64	t	中型汽油货车运输	500	0.115	6.82
33		1∶2 水泥砂浆	133.63	t	中型汽油货车运输	500	0.115	7.68
34		1∶2.5 水泥砂浆	641.94	t	中型汽油货车运输	500	0.115	36.91
35		1∶3 水泥砂浆	232.56	t	中型汽油货车运输	500	0.115	13.37
36		防水砂浆	27.52	t	中型汽油货车运输	500	0.115	1.58
37		石灰砂浆	21.62	t	中型汽油货车运输	500	0.115	1.24
38	光伏工程	光伏组件	45.24	kWp	中型汽油货车运输	500	0.115	2.60
39	其他工程	铁钉	6.19	t	中型汽油货车运输	500	0.115	0.36
40		砌块墙钢丝网	8.11	t	中型汽油货车运输	500	0.115	0.47
41		中砂	67.26	t	中型汽油货车运输	500	0.115	3.87
42		碎石（5～40 mm）	74.86	t	中型汽油货车运输	500	0.115	4.30
43		水泥 32.5 级	81.08	t	中型汽油货车运输	500	0.115	4.66
总计								599.59

表5　建材运输阶段碳排放计算清单（装修部分）

序号	分部分项工程	材料名称	消耗量或工程量	单位	运输种类	运输距离/km	碳排放因子/[kgCO$_2$e/(t·km)]	碳排放量/t
1	墙面	轻钢龙骨隔墙	3 261.64	t	中型汽油货车运输	500	0.115	187.54
2		钢骨架	49.53	t	中型汽油货车运输	500	0.115	2.85
3		保温材料（岩棉）	69.35	t	中型汽油货车运输	500	0.115	3.99
4		卷材防水	2.57	t	中型汽油货车运输	500	0.115	0.15
5	地面	实木地板	75.10	t	中型汽油货车运输	500	0.115	4.32
6		硅酸钙板	171.92	t	中型汽油货车运输	500	0.115	9.89
7		水泥基成品板地面	250.41	t	中型汽油货车运输	500	0.115	14.40
8		保温材料（XPS）	7.30	t	中型汽油货车运输	500	0.115	0.42
9		防水涂料	3.35	t	中型汽油货车运输	500	0.115	0.19
10		预制水磨石地面	4.82	t	中型汽油货车运输	500	0.115	0.28
11		仿石材地砖地面	1.68	t	中型汽油货车运输	500	0.115	0.10
12		石材地面	5.75	t	中型汽油货车运输	500	0.115	0.33
13	顶棚	双层9.5 mm石膏板	574.29	t	中型汽油货车运输	500	0.115	33.02
14		单层9.5 mm石膏	326.26	t	中型汽油货车运输	500	0.115	18.76
15		单层12 mm石膏	285.91	t	中型汽油货车运输	500	0.115	16.44

（续表）

序号	分部分项工程	材料名称	消耗量或工程量	单位	运输种类	运输距离/km	碳排放因子/［kgCO₂e/（t·km）］	碳排放量/t
16	顶棚	钢骨架	16.69	t	中型汽油货车运输	500	0.115	0.96
17	顶棚	集成吊顶（铝扣板饰面）	8.47	t	中型汽油货车运输	500	0.115	0.49
18		无机涂料	6.93	t	中型汽油货车运输	500	0.115	0.40
19		木质门	81.46	t	中型汽油货车运输	500	0.115	4.68
20	门窗	室内木制防火门（内嵌防火材料）	85.36	t	中型汽油货车运输	500	0.115	4.91
21		阳台推拉门	22.83	t	中型汽油货车运输	500	0.115	1.31
22		玻璃隔断	20.98	t	中型汽油货车运输	500	0.115	1.21
总计								306.62

3.3 建造施工阶段

根据国家《建筑碳排放计算标准》（GB/T 51366—2019）的规定，建筑建造阶段的碳排放量应根据建造阶段的各种燃料动力用量与对应能源碳排放因子，按下式计算：

$$C_{JZ} = \sum_{i=1}^{n} E_{jzi} \times F_i$$

式中：C_{JZ}——建筑建造阶段单位建筑面积的碳排放量（$kgCO_2/m^2$）；

　　　E_{jzi}——建筑建造阶段第 i 类燃料动力总用量（$kgCO_2/m^2$）；

　　　F_i——第 i 类燃料动力的碳排放因子（$kgCO_2/$单位）。

表 6　建造施工碳排放计算清单

序号	施工机械名称	性能规格		台班数	单位能源用量			能源碳排放因子 /(kgCO$_2$/单位)			碳排放总量 /t
					汽油/kg	柴油/kg	电/kWh	汽油	柴油	电	
1	汽车式起重机	提升质量	8 t	4.00	—	28.43	—	—	3.8	—	0.43
2	汽车式起重机	提升质量	16 t	0.90	—	35.85	—	—	3.8	—	0.12
3	汽车式起重机	提升质量	20 t	281.04	—	38.41	—	—	3.8	—	41.02
4	汽车式起重机	提升质量	40 t	5.00	—	48.52	—	—	3.8	—	0.92
5	门式起重机	提升质量	10 t	310.91	—	—	88.29	—	—	0.581	15.95
6	自升式塔式起重机	起重力矩	800 kN·m	234.95	—	—	169.16	—	—	0.581	23.09
7	自升式塔式起重机	起重力矩	2 500 kN·m	0.50	—	—	266.04	—	—	0.581	0.08
8	载货汽车	装载质量	4 t	236.06	25.48	—	—	2.928 6	—	—	17.61
9	载货汽车	装载质量	6 t	7.25	—	33.24	—	—	3.8	—	0.92
10	载货汽车	装载质量	8 t	12.00	—	35.49	—	—	3.8	—	1.62
11	载货汽车	装载质量	15 t	7.00	—	56.74	—	—	3.8	—	1.51
12	单笼施工电梯	提升质量 1 t, 提升高度 75 m	—	0.50	—	—	42.32	—	—	0.581	0.01
13	双笼施工电梯	提升质量 2× 1 t, 提升高度 100 m	—	330.05	—	—	81.86	—	—	0.581	15.70

（续表）

序号	施工机械名称	性能规格		台班数	单位能源用量			能源碳排放因子/(kgCO₂/单位)			碳排放总量/t
					汽油/kg	柴油/kg	电/kWh	汽油	柴油	电	
14	交流弧焊机	容量	21 kVA	3.100	—	—	60.27	—	—	0.581	0.11
15	交流弧焊机	容量	32 kVA	1 600.504	—	—	96.53	—	—	0.581	89.76
16	交流弧焊机	容量	40 kVA	1 499.43	—	—	132.23	—	—	0.581	115.19
17	电动单筒快速卷扬机	牵引力	10 kN	106.06	—	—	32.90	—	—	0.581	2.03
18	半自动切割机	厚度	100 mm	190.01	—	—	98.00	—	—	0.581	10.82
19	钢筋切断机	直径	40 mm	51.41	—	—	32.10	—	—	0.581	0.96
20	钢筋弯曲机	直径	40 mm	160.23	—	—	12.80	—	—	0.581	1.19
21	电动夯实机	夯击能力	20~62 N·m	2.01	—	—	16.60	—	—	0.581	0.02
22	灰浆搅拌机	拌筒容量	200 L	17.21	—	—	8.61	—	—	0.581	0.09
23	木工圆锯机	直径	500 mm	434.03	—	—	24.00	—	—	0.581	6.05
24	摇臂钻床	钻孔直径	50 mm	272.05	—	—	9.87	—	—	0.581	1.56
25	型钢剪断机	剪断宽度	500 mm	38.86	—	—	53.20	—	—	0.581	1.20
26	型钢校正机	—	—	38.86	—	—	64.20	—	—	0.581	1.45
27	刨边机	加工长度	12 000 mm	252.62	—	—	75.90	—	—	0.581	11.14

（续表）

序号	施工机械名称	性能规格		台班数	单位能源用量			能源碳排放因子/(kgCO₂/单位)			碳排放总量/t
					汽油/kg	柴油/kg	电/kWh	汽油	柴油	电	
28	电动多级离心清水泵	出口直径100 mm,扬程120 m以下	—	321.29	—	—	180.40	—	—	0.581	33.68
29	对焊机	容量	75 kVA	11.03	—	—	122.00	—	—	0.581	0.78
30	氩弧焊机	电流	500 A	156.82	—	—	70.70	—	—	0.581	6.44
31	电动空气压缩机	排气量	0.6 m³/min	3 301.00	—	—	24.20	—	—	0.581	46.41
32	电动空气压缩机	排气量	6 m³/min	155.46	—	—	215.00	—	—	0.581	19.42
33	电焊条烘干箱	容积	45 cm×35 cm×45 cm	971.60	—	—	6.70	—	—	0.581	3.78
34	混凝土输送泵车	输送量	60 m³/h	63.58	—	—	369.96	—	—	0.581	13.67
35	抛丸除锈机	—	—	291.48	—	—	34.26	—	—	0.581	5.80
36	木工圆锯机	直径	500 mm	85.99	—	—	24.00	—	—	0.581	1.20
总计											491.73
折合单位建筑面积碳排放/(kgCO₂/m²)											20.49

如上所述，该项目建造施工阶段总碳排放量为 491.73 t，单位建筑面积碳排放为 20.49 $kgCO_2/m^2$。

3.4 建筑使用阶段

根据国家《建筑碳排放计算标准》（GB/T 51366—2019）条文的规定，建筑各系统的碳排放量应根据各系统不同类型能源消耗量和不同类型能源的碳排放因子确定，建筑使用阶段单位建筑面积的总碳排放量 C_{SY} 应按下式计算（计算年限 100 a）：

$$C_{SY} = \frac{(c_h + c_c + c_w + c_1 + c_{re}) \times 100}{A}$$

式中：C_{SY}——建筑使用阶段单位建筑面积碳排放量（$kgCO_2/m^2$）；

c_h——建筑供暖系统年碳排放量（$kgCO_2/a$）；

c_c——建筑空调系统年碳排放量（$kgCO_2/a$）；

c_w——建筑生活热水系统年碳排放量（$kgCO_2/a$）；

c_1——建筑照明系统年碳排放量（$kgCO_2/a$）；

c_{re}——可再生能源系统年碳减排放量（$kgCO_2/a$）；

A——建筑面积（m^2）。

1. 建筑用能

采用 PKPM 软件对本建筑全年暖通空调、照明、设备系统、生活热水能耗进行模拟。模拟结果如表 7 所示，根据国家发展和改革委员会公布的全国电网平均碳排因子，计算得到该建筑单位建筑面积年碳排放量如下：

$$C_M = \sum_{i=1}^{n} (E_i EF_i - C_p)$$

式中：C_M——建筑运行阶段年均单位建筑面积碳排放量 $[kWh/(m^2 \cdot a)]$；

E_i——建筑第 i 类能源年消耗量（单位/a）；

EF_i——第 i 类能源的碳排放因子，项目运行阶段能源为电力，取 0.581 $kgCO_2/$单位用电量；

i——建筑终端能源类型，该项目只有电力；

C_p——建筑绿地碳汇系统年减碳量（$kgCO_2/a$）。

表 7　建筑使用阶段建筑能耗及碳排放指标汇总

用能类型	年单位面积用电量 / $[kWh/(m^2 \cdot a)]$	碳排放因子 / （$kgCO_2/$单位用电量）	100 a 单位面积运行碳排放量/ （$kgCO_2/m^2$）
暖通空调系统	31.8	0.581	1 847.58
照明系统	13.0	0.581	755.30

（续表）

用能类型	年单位面积用电量 / [kWh/（m² · a）]	碳排放因子 /（kgCO₂/单位用电量）	100 a 单位面积运行碳排放量/（kgCO₂/m²）
其他设备系统	20.0	0.581	1 162.00
生活热水	24.0	0.581	1 394.40
总计	88.8	—	5 159.28

综合上表所述，该建筑年单位建筑面积用电量为 88.8 kWh/（m² · a），100 年合计单位建筑面积碳排放为 5 159.28 kgCO₂/m²。

2）可再生能源系统发电量

本项目光伏组件装机容量为 45.24 kWp，年发电量约 32 284.84 kWh，折合 1.35 kWh/（m² · a），100 a 合计单位建筑面积减碳量为 78.44 kgCO₂/m²。

3.5　建筑拆除阶段

建筑拆除阶段包括建筑拆除过程的现场施工、运输建筑垃圾、建筑垃圾废弃处理等过程。因此这个阶段的碳排放包括拆除和废弃两个部分。

1. 拆除

由于目前缺乏相关方面的实际统计数据，故该阶段碳排放按建造施工过程碳排放总量的 90% 进行计算。该阶段 CO_2 排放公式计算如下：

$$C_{拆除} = C_{施工} \times 90\%$$

因此，该项目拆除阶段的碳排放可估算为 18.44 kgCO₂/m²。

2. 废弃

建筑废弃阶段主要为运输建筑垃圾工具消耗的能源，由此产生的 CO_2 排放的计算公式如下：

$$C_{废弃} = A \times \alpha \times L \times T_c$$

式中：A——建筑面积（m²）；

α——建筑垃圾产率系数，见表 8；

L——运输距离（从工地到建筑垃圾处理厂距离）（km）；

T_c——运输工具的 CO_2 排放因子，取 0.675 kgCO₂e/（km · t）（柴油车，计算方法同建材运输阶段）。

表 8　我国拆毁建筑垃圾产率系数　　　　　　　　　单位：kg/m²

分类	废钢	废混凝土砂石	废砖	废玻璃	可燃废料	总计
混合	13.8	894.3	400.8	1.7	25.0	1 335.6

（续表）

分类	废钢	废混凝土砂石	废砖	废玻璃	可燃废料	总计
钢混	18.0	1 494.7	233.8	1.7	25.0	1 773.2
砖木	1.4	482.2	384.1	1.8	37.2	906.7
钢	29.2	651.3	217.1	2.6	7.9	908.1

建筑垃圾产率按照钢混结构计算，运输距离按照 30 km 取值，可估算出废弃阶段碳排放为 35.91 $kgCO_2/m^2$。

3. 合计

综上所述，建筑拆除阶段的单位建筑面积碳排放为 54.35 $kgCO_2/m^2$。

3.6 碳排放计算结果

本项目全生命周期碳排放计算数据汇总如表 9 所示：

表 9　建筑全生命周期碳排放计算结果

项目	碳排放/（$kgCO_2/m^2$）	全生命周期占比/%
建材生产阶段	619.30	10.51
建材运输阶段	37.76	0.64
建造施工阶段	20.49	0.35
建筑使用阶段	5 159.28	87.58
建筑拆除阶段	54.35	0.92
碳排放量	5 891.18 $kgCO_2/m^2$	
减碳量	78.44 $kgCO_2/m^2$	
全生命周期碳排放合计	5 812.74 $kgCO_2/m^2$	

根据上述碳排放计算结果，该建筑 100 a 碳排放量为 5 891.18 $kgCO_2/m^2$，太阳能光伏可实现 78.44 $kgCO_2/m^2$ 的减碳效果。总计全生命周期碳排放量为 5 812.74 $kgCO_2/m^2$。

附录三 南京江北新区人才公寓（1号地块）项目示范项目获奖和绿色健康认证清单

一、课题示范项目

表1 课题示范项目

序号	课题类型	课题名称	进展情况
1	2017年度科技部"绿色建筑及建筑工业化"重点研发计划	复杂造型混凝土建筑制品和装饰构配件的柔性制造技术研究与示范	已结题
2	2017年度省级节能减排专项引导资金课题	绿色智慧建筑（新一代房屋）课题研究与示范	已结题

二、建筑产业现代化与建筑节能示范项目

表2 建筑产业现代化与建筑节能示范项目

序号	示范类别	示范项目	进展情况
1	南京市建筑产业现代化示范项目	南京江北新区人才公寓（1号地块）项目建设工程项目	通过验收
2	江苏省建筑产业现代化示范项目	南京江北新区人才公寓（1号地块）项目（1～2、4～11号楼）	通过验收
3	江苏省建筑产业现代化示范项目	南京江北新区未来居住建筑钢-砼组合示范楼	
4	江苏省节能减排（建筑节能与产业现代化）专项资金超低能耗被动式建筑项目	南京江北新区人才公寓社区服务中心木结构零碳建筑	通过验收

三、获奖清单

表3　获奖清单

序号	获得奖项
1	2020 Active House Award 最佳可持续奖
2	2019 国际光伏建筑设计竞赛专业组优秀奖
3	第六届"紫金奖"文化创意设计大赛铜奖
4	江苏省城乡建设系统优秀勘察设计一等奖
5	第十二届江苏省土木建筑学会建筑创作奖二等奖

四、绿色健康认证清单

表4　绿色健康认证清单

绿色建筑	3号楼未来住宅	绿色三星设计标识
	12号楼社区中心	绿色三星设计标识
健康建筑	3号楼未来住宅	健康三星设计标识
	12号楼社区中心	健康三星设计标识
零能耗建筑	12号楼社区中心	零能耗建筑设计标识